超美味／最短時／不怕沒靈感

日本常備菜教主

5分鐘輕鬆作的便當菜

FIVE
minutes
recipes

松本有美
Yuumi Matsumoto

出版菊文化

前言

感謝您挑選閱讀本書。

到目前為止，我的便當菜都是每週末先「做好備用」，之後週間的每天早晨將這些菜色擺放至便當內。
對於熱愛料理的我而言，大量製作備用，雖然有點辛苦，但成就感十分值得。
我認為這是最有效率、最節省的好方法！不但早晨更輕鬆、又能兼顧色香味俱全、營養豐富的理想便當。

但隨著孩子們長大，生活也逐漸產生變化，工作越來越忙碌，再加上年紀漸長也越發容易感覺疲倦，要在週末空出將菜餚一次備齊的時間，也越來越難。
很多不擅長烹飪的朋友，若要一次大量備齊菜餚，感覺辛苦的程度一定更勝於我吧？

因此，思考了各種方法。
若有能夠「簡單」地利用「5分鐘（短時間）」製作、也能「做好備用」的食譜，或許就能發揮極大的作用！這太花功夫了、這個太麻煩了、雖然想做出這樣的菜色，但實在沒時間 ...等等，在不斷的嘗試中，找出最簡單的食譜，讓我們實際來試試每天做便當吧！

即使是幾乎每個人天天都會做的煎蛋卷，製作方法、工具等，都絕非短時間可以完成。
雞蛋攪散、在缽盆中調味、取出煎蛋卷用的鍋子，分幾次倒入蛋液、烘煎、分切 ...。這是多麼繁複的菜餚啊!!非得要更簡單地製作才行！
因此醞釀而來的，就是本書中介紹「用一只馬克杯完成的烘蛋卷」。
圓圓的形狀有著說不出的可愛，而且鬆綿可口♪ 不需缽盆或刀子，而且因為採用微波加熱也不用擔心燒焦。
若能有更多這樣的食譜就好了！這樣便當製作的難度應該也能大幅降低了！
就是由此發想，不費功夫、不花時間的食譜。

正因為是每天都要做的事，所以希望生活能更輕鬆一點。
若本書能幫得上大家，將會是我最大的榮幸。

松本 有美（YU媽媽）

chapter **02** │ TYPE │ color │
依照顏色做出漂亮的菜餚！

5分鐘完成的
多彩便當菜

紅色菜餚

本書的使用規則

■ 材料是方便製作的份量。依照食譜完成的份量會略有不同。

■ 計量單位1大匙＝15ml、1小匙＝5ml。

■ 調味料的份量標示「少許」，是指用姆指和食指2根手指抓取的份量。

■ 材料欄各種食材的公克數，都是參考標準。

■ 烹調時間為參考，可依實際情況微調。

■ 洋蔥、紅蘿蔔等需削皮的蔬菜；茄子、青椒、秋葵等需去蒂除籽後烹調的蔬菜；鴻禧菇、金針菇等切去底部的步驟，都省略說明。

■ 使用 L 尺寸的雞蛋。

■ 微波爐加熱時間，以600W為基準。500W時，可使用1.2倍、700W時可用0.8倍等來增減時間。依機種不同多少會有差異。

■ 以微波爐加熱時，請依所附說明書進行、並使用耐高溫容器或深盆等烹調器具。

■ 保存時間為參考標準。烹調時食材的新鮮度，保存時冷凍、冷藏室、季節、保存狀態等而有異。關於保存，請參考 P.13 內容。

■ 冷藏及冷凍保存的菜餚取出擺入便當時，請以微波爐等加熱後再放入。

■ 本書的菜餚（特別是主菜），每次完成的份量較少，若感覺不足，除微波烹調的種類外，可以倍量進行。平底鍋烹調的菜餚，可以用倍量的材料以相同時間進行。

YU-MAMA
LUNCHBOX
TIPS

開始烹煮菜餚前的確認！

5分鐘
輕鬆完成
便當菜的訣竅

早上製作便當，速度就是勝負關鍵！
在本書中，儘可能簡約費事的部分，提高效率，
各種菜餚都能在5分鐘內完成。
在此介紹
大幅度縮短時間的小方法及訣竅。

TIPS 01 選擇縮短時間的食材、調味料

只要在選擇食材時下點功夫，烹調時間也會因此大大精省。
除了縮短加熱時間，也能因此省下分切食材、量秤等手續，更方便實用。

**為了使肉能更迅速受熱
使用薄肉片或絞肉**

容易受熱的薄肉片或不使用刀具
就能烹煮的絞肉，是縮減時間最
基本的食材。無需加熱就能使用
的食材，放在薄肉片中捲起，就
能縮短加熱時間了。

**魚貝能夠在短時間內
完成加熱**

魚貝因含有較多的水份，因此受
熱快能短時間完成。已剝除外
殼的蝦仁、能簡單剔除魚骨的
魚片，事前預備就可以省下功
夫了。

**不需加熱就能使用的加工品
更方便**

培根、火腿、竹輪等加工食
品，都是經過烹調的食品，所
以能縮短加熱時間。與這樣加
工食品搭配，菜餚製作會更有
效率。

立即能使用的罐頭令人放心

罐裝食材已加熱完成，能縮減烹調時間。是想要增
加份量或增添色彩時，非常重要的法寶。食用效期
長，保持庫存更令人放心。

市售調味品 & 醬汁也能縮減時間

活用燒肉排醬汁、沙拉醬汁、粉末狀的高湯粉來調
味。可以減少自己量測調味料的麻煩，調配好的美
味非常方便。

下點功夫在分切方法、預備步驟

為縮短烹調時間，最重要的就是食材的分切方法與預備步驟。
將食材分切成易於受熱的形狀，利用預備步驟縮減費時的步驟，就能迅速完成。

（ 食材形狀切成小、薄、細，
就是重點！

食材的厚度薄，表面小，自然能縮短加熱時間。
特別會因為分切方法，而改變受熱方式的是肉及
蔬菜，在此推薦縮短時間的切法。 ）

肉的基本切法

一口大小	細條狀	斜片狀
一口可食用的大小約是3cm左右。有厚度的肉塊，切成一口大小時可以連筋一起切斷，也更能煮出柔軟美味。	切成1～3cm長的細條狀。建議用在豬排肉片等，較寬大的肉塊。相較於烹煮一整片肉排，面積變小會更快煮熟，也更能入味。	刀子斜向劃入肉塊的方法。將厚片肉切薄，切面大所以更能迅速受熱。經常用於雞胸肉或雞里脊肉上。

蔬菜的基本切法

一口大小	細條狀、細絲狀	薄片狀
約是以3cm為參考標準。用於想要讓蔬菜看起來更具存在感時，或是使用像甜椒般容易加熱煮熟的食材，並想要保留口感時。	細條狀是用於高麗菜等葉菜類，或是將切成薄片的紅蘿蔔再切成3mm寬的條狀。細絲狀是約1mm寬，面積小，短時間就能煮軟。	將食材切成2mm左右的厚度。藉由降低厚度，可以在短時間完成加熱。本書中，這種切法主要用於蘿蔔、紅蘿蔔等根莖類上。

下點功夫在分切方法、預備步驟

YU-MAMA LUNCHBOX TIPS

（ **預備步驟多下點功夫，製作菜餚就瞬間輕鬆起來** 提升烹調效率，不可或缺的預備步驟。活用廚房裡的工具，就能減少必須清洗的東西，藉此減少烹煮時的麻煩，就能省下時間了。 ）

用塑膠袋＆擀麵棍
將肉片敲薄

具有厚度的肉片，利用敲打成薄片後可以縮短加熱的時間。此時，將肉片放入塑膠袋內，就能不弄髒砧板和擀麵棍了。

調味或製作肉餡時
活用塑膠袋

揉和調味或製作肉餡時，使用塑膠袋就能完全均勻混拌，也不會弄髒手。不需要大場地，即使是在狹窄的廚房也能簡單作業。

巧妙使用
廚房剪刀

柔軟的食材、細小的食材、或輕薄的食材，在分切時使用剪刀會更方便。可以剪至方型淺盤或平底鍋中，減少砧板和刀子的使用，清洗也更輕鬆。

使用刨削器或刨刀，
刨削蔬菜薄片很方便

使用刨削器或刨刀，可以比刀子更快、更均勻地刨削出薄片。紅蘿蔔或蘿蔔、薯類等根莖類，建議刨削成薄片。

油炸食品在麵衣上花點功夫，就能讓 1STEP 更輕鬆

本書中油炸食品不使用蛋液或奶油，直接將麵包粉沾裹在食材上就 OK 了。若是調味時用了美乃滋、油或低筋麵粉等，就能在相當短的時間內呈現濃郁滋味。此外，多用點心思將麵包粉換成玉米脆片或麵包丁，也能做出更酥脆的口感。

使用能縮短時間的加熱技巧

本書中介紹的菜單，都使用平底鍋或微波爐烹調，使其能迅速完成。
在此整合各別提升食材的加熱速度，以及美味製作的訣竅。

葉菜類用保鮮膜包覆後
微波加熱

葉菜類，建議取必要份量，確實以保鮮膜包妥後，微波加熱。不需要等熱水煮沸，更因為迅速加熱而防止維生素的流失。

水份含量較多的食材
微波加熱會更快

蘿蔔或白菜等食材，水份含量較多，因此微波加熱時更容易受熱。會由食材內側開始溫熱，所以也能迅速軟化。

燉煮料理用微波爐
可以縮短時間 & 迅速入味！

燉煮烹調時使用微波爐，真的是瞬間完成。藉由微波加熱使食材短時間溫熱，破壞了纖維使水份蒸發，所以調味料更容易滲透入味。

使用一個容器
完成加熱至調味！

微波調理時，建議使用耐熱容器。放入食材加熱，之後也可以直接加進調味料混拌，因此不需要更換新容器。

拌炒時加入水份
蓋上鍋蓋燜煮

在平底鍋中輕輕拌炒食材，加入少許的水，蓋上鍋蓋燜煮，可以更快煮透。與其持續炒，不如保持食材中的水份，不會乾柴又能提升美味。

平底鍋用略小的中火
絕不會失敗

本書利用平底鍋烹煮時的火候，基本上都是使用「略小的中火」。可以迅速受熱，初學者也不容易失敗。

更方便且縮短時間的烹調工具

烹煮便當用的少許菜餚時,使用廚房剪刀或塑膠袋,可以減少清洗,
配合製作份量使用合宜尺寸的烹調工具,能有效提升加熱效率,更順利順手。

● 耐熱馬克杯
放入材料成形,直接加熱就能完成。使用在本書中利用絞肉或雞蛋的食譜,會更輕鬆。尺寸請以底部直徑6cm、高6.5cm大小的杯子為參考標準。具有厚度的杯子不會過度受熱,比較適合。

● 迷你砧板 & 小刀
分切少許食材,十分方便。小砧板能輕易確保使用空間,清洗也更方便。

● 迷你平底鍋
烹煮一次份量的便當菜時,建議使用直徑16～20cm大小的鍋具。調味料的蒸發較少,也不需過大的火力,能有效率地進行烹煮。

● 廚房剪刀
可以活用在分切葉菜類、肉、魚類等「柔軟」、「細小」、「輕薄」的食材上。不需使用砧板就能分切,需要清洗的東西更少。

● 刨削器 & 刨刀
用於刨削蔬菜薄片十分方便。紅蘿蔔等根莖類,刨削比用刀子切得更薄,也能更迅速受熱煮熟。

● 能微波使用的容器
除了放入食材微波加熱之外,加熱之後也能直接保存的優質容器。1次份量的食材能排放,且不層疊的大小,建議選用能輕鬆使用的塑膠製品。連容器蓋都能微波的商品會更方便。

● 小型塑膠袋
將調味料揉和至食材中,或是沾裹粉類時,非常方便。可以毫無遺漏地均勻沾裹,也不會弄髒手。善後收拾更是輕鬆愉快!

● 迷你攪拌器
調味料份量少時,會比較容易混拌,因此建議使用小尺寸。

● 廚房計時器
用於計算時間。本書中,為了能快速受熱地分切食材,以加熱時間作為參考基準,完成美味的菜餚。

● 擀麵棍
本書中,主要用在敲薄肉片、敲斷筋膜。相較於使用刀子切斷,會更迅速也更容易受熱完成。

保存菜餚的訣竅

趁有空閒時做好備用，也是提高家事效率的方法之一。
在此整合能保持菜餚品質、又能保留美味的訣竅。

使用清潔的
保存容器、袋子

容器和袋子沾附了雜菌，就是破壞菜餚的主要原因。清洗容器、拭乾水份、若可能的話，用食品酒精噴霧後再使用。袋子不要重覆使用，用過即丟棄。

確實冷卻
後再放入冷藏室

菜餚若在溫熱狀態下保存，會導致風味變差，沾附的水滴會容易導致細菌孳生繁殖。用方型淺盤等冷卻後，再放入保存容器或保存袋內，密封保存。

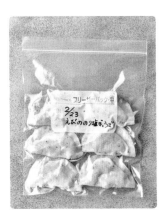

記錄下製作日期
在期限內食用完畢

製作備用的菜餚，嚴守保存期限，儘早食用完畢。為避免遺忘地在袋子或標示貼紙上，寫下製作的日期、菜名，會更方便使用。

冷藏時連同湯汁一起
能保存更久！

冷藏保存時，食材浸漬在調味料中，能防止細菌孳生又能長期保存。並且保存期間可以使其更加入味，優點是讓菜餚變得更加美味。

冷凍時
要瀝乾湯汁再保存

冷凍時，瀝乾湯汁後再放入冷凍保存。湯汁會損及風味，口感也會變差。若食材與醬汁已合為一體時，直接放入冷凍也 OK。

冷凍時
分成小塊會更方便

冷凍時，將菜餚分成1餐份量地放入小紙杯中，再擺放至保存容器內冷凍。連同紙杯取出加熱後，就可以直接放入便當了。

利用不同的形狀豐富變化及搭配

5分鐘內完成的便當

Maindish 主菜

要能漂亮地完成便當,使用肉、魚類的主菜形狀非常重要。
本書中主菜大致依形狀可分成4大類。
在此介紹花點功夫縮短各別的加熱時間,
提升富有色香味變化的主菜陣容。

以 4 種形狀製作
會更容易填裝

賦予形狀變化，能使便當呈現出立體感，感覺比平常提升了層次。
P.84的「YU媽媽流便當方程式」，
與配菜組合後，就是搭配得宜的便當了。

圓形菜餚

容易調整填裝的形狀，圓滾滾的可愛視覺更是加分。利用容易整形的絞肉或魚片等，就能豐富菜色，也能做出適合孩童及女性食用的大小。

捲入、包裹菜餚

以肉片或餃子皮包捲易於受熱的食材，可以活用中間包捲的材料，與外側食材顏色的對比，營造出視覺效果。包捲成長形的菜色可以對半分切，能看到切面地填裝，不但能添加色彩，也能創造出外觀的特色。

不規則形狀菜餚

熱炒或燉煮為主的菜餚。體積感十足，無法製作多種菜餚時非常方便。很簡單就能變化形狀，鋪平、放入杯中，能非常有效率的填裝，也是最大魅力。

長形、大型菜餚

大的塊狀，視覺上十分具衝擊力！為了在沒空閒的日子也能方便製作，介紹的都是無需分切的肉或魚類菜單。直接烹煮調味、擺放在米飯上做成丼飯，食慾旺盛大飯量的孩子們也能心滿意足的便當。

ROUND
Main dish

TYPE：shape｜01｜用5分鐘完成 以形狀區分的主菜

圓形主菜

ROUND MAIN DISH.01

醬油奶油鵪鶉蛋肉卷

中間放入了不需加熱就能食用的水煮鵪鶉蛋，因而能縮短烹煮時間。對半分切，露出切面裝入

冷藏保存 **4** 日｜冷凍保存 **2** 週

材料 2 個

豬里脊薄片 … 2 片（30g）
水煮鵪鶉蛋 … 2 個（20g）
A 砂糖、醬油、奶油 … 各 1 小匙
└ 沙拉油 … 2 小匙

製作方法

1 每個鵪鶉蛋都用 1 片豬肉，各別包捲起來。

2 在平底鍋中倒入沙拉油，用略小的中火加熱，放入 1，蓋上鍋蓋，不時翻動地煎煮約 2 分鐘。加入 A，沾裹在肉卷外。

冷藏保存 **4** 日｜冷凍保存 **2** 週

材料 2 個

A 混合絞肉 … 50g
美乃滋 … 1 小匙
└ 鹽、胡椒 … 各少許
糖果型包裝起司塊 … 2 個
麵包粉 … 1～2 大匙
沙拉油 … 3 大匙

圓形主菜（肉）

製作方法

1 A 放入塑膠袋內，充分揉和。

2 起司各別用 1 的 1/2 份量包裹成圓餅形，沾裹麵包粉。

3 在平底鍋中倒入沙拉油，用略小的中火加熱，放入 2，蓋上鍋蓋，二面各別煎約 1 分 30 秒。

point
美乃滋具有結合食材的作用，因此不需雞蛋。整形後的肉丸請直接沾裹麵包粉。

ROUND MAIN DISH.02

圓滾滾的起司肉丸

美乃滋的油脂，能做出美味多汁不乾柴的成品。菜餚本身的味道十足，不需醬汁

ROUND MAIN DISH.03

香炸芝麻柴魚片丸子

結合了芝麻與柴魚片的香氣。
加入了柴魚片調味，
美味更持久！

冷藏保存 **5** 日 ｜ 冷凍保存 **2** 週

材料 2個

A 碎豬肉片 … 50g
　柴魚片 … 1/2袋（1g）
　太白粉 … 1大匙
　熟白芝麻、醬油 … 各1小匙
芝麻油 … 2大匙

製作方法

1 A放入塑膠袋內，充分揉和。
2 將1分成2等份，捏成8mm厚的圓餅狀。
3 在平底鍋中倒入芝麻油，用略小的中火加熱，放入2蓋上鍋蓋，二面各別煎約1分30秒。

ROUND MAIN DISH.04

微波泡菜雞肉丸

借助發酵食品泡菜的輔助，肉質變得更柔軟。
活用了泡菜的風味，只要少許的調味，
就能成就美味

冷藏保存 **5** 日 ｜ 冷凍保存 **2** 週

材料 2個

微波烹調

雞絞肉 … 50g
白菜泡菜 … 10g
A 太白粉 … 1/2大匙
　芝麻油 … 1小匙
　顆粒狀日式高湯粉 … 1/4小匙

製作方法

1 泡菜切後略擰乾湯汁。
2 塑膠袋內放入絞肉、1、A，充分揉和，分成2等份，做成圓形。
3 留出間隔地將2排放在耐熱容器內。加入1大匙水，鬆鬆的覆蓋上保鮮膜，以微波爐（600W）加熱約1分鐘20秒。

ROUND *Main dish*

圓形 主菜 （肉）

ROUND MAIN DISH.05

微波馬克杯漢堡

若以微波製作，短時間就能完成燉煮漢堡！
在馬克杯中放入材料，再加熱即可，
因此也不用花時間做出形狀

冷藏保存 **4** 日 ｜ 冷凍保存 **2** 週

微波
烹調

材料 1個

A 雞絞肉 … 50g
　麵包粉、水 … 各1大匙
　鹽、胡椒 … 各少許
B 番茄醬、牛奶 … 各1大匙
　中濃豬排醬 … 1小匙

製作方法

1 在耐熱馬克杯中放入A，用湯匙充分混拌，
平整表面。鬆鬆的覆蓋上保鮮膜，以微波
爐（600W）加熱約1分
鐘30秒。

2 澆淋上B，鬆鬆的覆
蓋上保鮮膜，加熱約
30秒（照片a）。倒扣
馬克杯取出。

a

point
使用能微波加熱
的馬克杯，為防
止保鮮膜破裂，
請鬆鬆地覆蓋。

ROUND MAIN DISH.06

薑汁馬克杯肉丸

因加熱時間短，因此也不容易乾柴，能嚐出柔軟的口感。
省下整形的功夫，在忙碌的早晨真是幫上大忙的一道菜

冷藏保存 **5** 日 ｜ 冷凍保存 **2** 週

微波
烹調

材料 1個

A 雞絞肉 … 50g
　太白粉 … 1小匙
B 味醂、水 … 各1大匙
　味噌、醬油 … 各1小匙
　薑泥（市售軟管狀）… 1cm

製作方法

1 在耐熱馬克杯中放入A，用湯匙充分混
拌，平整表面。鬆鬆的覆蓋上保鮮膜，
以微波爐（600W）加
熱約1分鐘30秒。

2 澆淋上B（照片b），
鬆鬆的覆蓋上保鮮
膜，加熱約30秒。
倒扣馬克杯取出。

b

point
青椒切成圈狀，可以做出方便裝入便當的尺寸，也能縮減加熱時間

ROUND MAIN DISH.07

披薩風 青椒鑲肉

青椒的綠色、番茄醬的紅色、起司的白色，
共同呈現繽紛色彩。若是碎豬肉片，
從包裝取出後就能直接使用

冷藏保存 **4** 日 ｜ 冷凍保存 **2** 週

材 料 4 個

碎豬肉片 … 60g
青椒 … 1 個
番茄醬、披薩用起司 … 各適量
沙拉油 … 2 小匙

製 作 方 法

1 青椒切成 4 等份的圓圈形。
2 將豬肉各取 1/4 等份填入 1 中，依序擺放
　番茄醬、起司。
3 在平底鍋中倒入沙拉油，排放 2，蓋上鍋
　蓋用略小的中火，烘煎約 3 分鐘。

ROUND MAIN DISH.08

雲吞皮雞肉丸

芥末籽醬就是風味的重點。餛飩皮包覆，
可以看出精心製作的一道菜餚。
也可以依照喜好包入起司

冷藏保存 **3** 日 ｜ 冷凍保存 **2** 週

材 料 4 個

雞里脊 … 1 條（60g）
A 芥末籽醬 … 1 小匙
└ 鹽、胡椒 … 各少許
餛飩皮 … 4 片
沙拉油 … 4 大匙

製 作 方 法

1 雞里脊切成 4 等份，放入塑膠袋內，
　用擀麵棍輕輕敲打，沾裹 A。
2 每片餛飩皮中央擺放一塊雞里脊 1 包
　裹起來，輕捏成圓餅狀。
3 在平底鍋中倒入沙拉油，用略小的中
　火加熱，排放 2，蓋上鍋蓋二面各煎
　炸約 1 分 30 秒。

point
肉片敲打後再包入，
可以更容易受熱，也
能做出柔軟的口感

ROUND
Main dish

圓
形
主
菜
（
肉
）

ROUND MAIN DISH.09

豆腐雞肉塊

添加了豆腐，除了縮短加熱時間之外，
冷卻後也仍是柔軟美味。不需油炸地烘煎，因此能迅速地完成

冷藏保存 **5** 日 ┃ 冷凍保存 **2** 週

材料 2個

A 雞絞肉 …50g
　豆腐（絹豆腐）…20g
　太白粉 …2小匙
　顆粒狀西式高湯粉 …1/3小匙
沙拉油 …2大匙

製作方法

1 A放入塑膠袋內，充分揉和，分成2等份整形成圓餅狀。
2 在平底鍋中倒入沙拉油，用略小的中火加熱，排放1，二面各別煎約1分30秒。

ROUND MAIN DISH.10

一口叉燒

薄肉片捲成圓形微波，相較於肉塊製作，
更快速更柔軟。使用烤肉用醬汁調味絕不會失敗！

冷藏保存 **5** 日 ┃ 冷凍保存 **2** 週

材料 2個

豬里脊薄片 …4片（60g）
烤肉醬（市售）…1大匙

製作方法

1 使豬肉沾裹烤肉醬。
2 將2片層疊一起捲成圓形，擺放在保鮮膜上鬆鬆地包裹，略鬆散地轉緊保鮮膜。
3 在耐熱盤上將2連同保鮮膜排放，以微波爐（600W）加熱約1分鐘20秒。

ROUND MAIN DISH.11

辣味美乃滋肉丸

柔和的辣味，很下飯的中式菜餚。
用辣油取代豆瓣醬也OK

冷藏保存 **4** 日 ┃ 冷凍保存 **2** 週

材料 2個

豬絞肉 …50g
A 水 …1大匙
　太白粉 …1小匙
B 水 …1大匙
　番茄醬、美乃滋 … 各1/2大匙
　豆瓣醬 …1/4小匙
　蒜泥（市售軟管狀）…1cm

製作方法

1 在耐熱容器內混合 B 備用。
2 塑膠袋內放入絞肉、A，充分揉和，分成2等份，做成圓形。
3 留出間隔地將2排放在1內。鬆鬆的覆蓋上保鮮膜，以微波爐（600W）加熱約1分鐘20秒。

免油炸
南瓜麵包丁可樂餅

省去洋蔥拌炒絞肉的時間，
調味使用烤肉醬，就能簡單完成
因為不是油炸，
既簡單又健康

point
麵衣使用的是麵包
丁，因此沾裹後即
使不加熱都 OK

冷藏保存 **3** 日 ｜ 冷凍保存 **2** 週

材 料 2個　微波烹調

豬絞肉 … 20g
南瓜 … 40g
A 烤肉醬（市售）… 1大匙
└ 水 … 1小匙
麵包丁 … 適量

製 作 方 法

1. 南瓜切成細條狀。

2. 在耐熱容器內放入絞肉、1、A，鬆鬆的覆蓋上保鮮膜，
   以微波爐（600W）加熱約3分鐘，邊搗碎邊混拌。

3. 在塑膠袋內放入麵包丁，用湯匙舀起2的1/2份量放入，
   邊整形成圓形邊使麵包丁沾裹在全體上。共製作2個。

ROUND
Main dish

圓形

主菜

（魚貝）

冷藏保存 **3** 日　冷凍保存 **2** 週

材料 2個

蝦仁 …8隻（80g）

A 低筋麵粉、美乃滋 … 各2小匙
└ 鹽、胡椒 … 各少許

麵包粉 …1 ～ 2大匙

沙拉油 …2大匙

製作方法

1 蝦仁切成粗粒，與A一起放入塑膠袋內，充分揉和。

2 將1分成2等份，做成圓餅狀，沾裹上麵包粉。

3 在平底鍋中倒入沙拉油，用略小的中火加熱，兩面各別煎約1分鐘。

ROUND MAIN DISH.13

圓形蝦餅

我家餐桌上的人氣菜色。為保留蝦仁口感，請切成粗粒。使用去殼的蝦仁，就不需要麻煩的預備步驟了

ROUND MAIN DISH.14

香煎生火腿包鮭魚

生火腿香煎後會更顯出鹹味，能呈現不同樣貌的美味。具時尚感的菜餚，也非常適合搭配麵包

冷藏保存 **3** 日　冷凍保存 **2** 週

材料 4個

生魚片用鮭魚（魚片）…1片（60g）

生火腿 …8片

橄欖油 …1大匙

A 粗粒黑胡椒、
└ 檸檬汁 … 各適量

製作方法

1 生魚片用鮭魚切成粗粒。

2 每2片生火腿各別包裹1的1/4份量，做成圓餅狀。

3 在平底鍋中倒入橄欖油，用略小的中火加熱，排放2，兩面各別煎約1分鐘，撒上A。

ROUND MAIN DISH.15

鱈魚 Q 彈
糖醋丸子

糖醋醬汁與魚肉同時加熱，迅速完成。
使用白肉魚，能襯托出醬汁漂亮的顏色，
是道外觀引人垂涎的菜餚

冷藏保存 **3** 日 ｜ 冷凍保存 **2** 週

微波
烹調

材料 2 個

新鮮鱈魚（魚片、去皮）…1 片（60g）
太白粉 … 1 大匙
A 水 … 1 又 1/2 大匙
｜ 番茄醬 … 1 大匙
└ 醋、砂糖 … 各 1 小匙

製作方法

1 在耐熱容器中放入 A，充分混拌備用。
2 鱈魚放入塑膠袋內，用擀麵棍敲打。加
　入太白粉充分揉和，分成 2 等份，做出
　圓形。
3 留出間隔地將 2 排放在 1 內。鬆鬆的覆
　蓋上保鮮膜，以微波爐（600W）加熱約
　1 分鐘 30 秒。

point
鱈魚強勁 Q 彈不易
切碎時，可以用廚
房剪刀等剪成小塊
後再敲打。

ROUND MAIN DISH.16

高湯帆立貝

添加了柴魚和風醬油的醬汁，
和帆立貝巧妙結合的日式菜色。
帆立貝的貝柱無需事前處理
直接就能使用，十分方便

冷藏保存 **4** 日 ｜ 冷凍保存 **2** 週

材料 4 個

帆立貝的貝柱 … 4 個
A 中濃豬排醬、味醂 … 各 1 小匙
└ 柴魚和風醬油（2 倍濃縮）… 1/2 小匙

製作方法

1 在平底鍋中放入帆立貝、A，用略小的中
　火加熱，邊翻動邊煎約 2 分鐘。

point
使用冷凍帆立貝時，
直接以冷凍狀態放
入平底鍋，加蓋，請
邊視狀況邊加熱。

捲入・包裹 的主菜

ROLL&WRAP MAIN DISH.01

梅味秋葵肉卷

梅子的酸味與柴魚和風醬油組成的清爽菜餚。
以微波爐烹調秋葵時，即使沒有預先燙煮
也能製作出恰到好處的柔軟

冷藏保存 **5** 日 ｜ 冷凍保存 **2** 週

材料 2個 ⟨微波烹調⟩

豬里脊薄片 … 2片（30g）
秋葵 … 2根（24g）
太白粉 … 1小匙
A ─ 柴魚和風醬油（2倍濃縮）、味醂、水
　　 … 各1大匙
　└ 梅子泥（市售軟管狀）… 1cm

製作方法

1 每根秋葵各用1片豬肉包捲，沾裹太白粉。

2 將A放入耐熱容器內，混合，將1肉卷的閉合口朝下放入，鬆鬆的覆蓋上保鮮膜。以微波爐（600W）加熱約3分鐘10秒，使材料沾裹醬汁。

point
預先在肉片表面沾裹太白粉，可以省下勾芡的步驟。

冷藏保存 **4** 日 ｜ 冷凍保存 **2** 週

材料 2個

豬里脊薄片 … 2片（30g）
厚片油豆腐 … 1/2片（55g）
青紫蘇 … 2片（10g）
義式沙拉醬（市售）… 1大匙
橄欖油 … 1小匙

製作方法

1 厚片油豆腐對半分切使其成為長方形。

2 用1片青紫蘇各別包捲1，再各別捲上豬肉片。

3 在平底鍋中倒入橄欖油，用略小的中火加熱，將2捲起的接合處朝下，排放至鍋中，不時地翻面煎約2分鐘。加入沙拉醬使其沾裹。

捲入・包裹 的主菜 （肉）

ROLL&WRAP MAIN DISH.02

油豆腐與青紫蘇的義式卷

以無需加熱就能食用的厚片油豆腐為主軸包捲，即使份量十足
也能在短時間完成加熱，調味則可輕鬆地使用市售的沙拉醬

冷藏保存 **3** 日 ｜ 冷凍保存 **2** 週

微波烹調

材料 2個

碎牛肉片 … 50g
甜椒（紅）… 1/4個（25g）
鹽 … 少許
A 起司粉、橄欖油 … 各1小匙
└ 乾燥羅勒 … 1/2小匙

製作方法

1 甜椒縱向切成薄片。

2 牛肉1/2份量各別包捲1的1/2份量，撒上鹽。

3 在耐熱容器內，將肉卷的閉合口朝下排放，加入1大匙的水，鬆鬆的覆蓋上保鮮膜。以微波爐（600W）加熱約2分鐘，撒上A。

point
冷凍保存時，紅椒可切成略粗較能保持口感。起司粉建議解凍後再沾裹。

ROLL&WRAP MAIN DISH.03

羅勒起司甜椒牛肉

起司的濃郁和羅勒的香氣令人一吃成癮。
依個人喜好撒上粗粒黑胡椒也很好吃

ROLL&WRAP MAIN DISH.04

香茄肉捲薑味甜醋醬

茄子吸收豬肉湯汁的美味成品。糖醋的調味料，若使用柑橘醋醬油，可以減少調味料，份量的計算也更輕鬆

冷藏保存 **5** 日 ｜ 冷凍保存 **2** 週

微波烹調

材料 2個

豬里脊薄片 … 2片（30g）
茄子 … 1/4根（20g）
太白粉 … 1小匙
A 柑橘醋醬油、水 … 各1大匙
  味醂 … 1/2大匙
└ 薑泥（市售軟管狀）… 1cm

製作方法

1 將茄子切成5cm長 ×8mm的方形長條4根。

2 用1片豬肉各別包捲2根茄子，沾裹太白粉。

3 在耐熱容器內混合A，將2肉卷的閉合口朝下排放，鬆鬆的覆蓋上保鮮膜。以微波爐（600W）加熱約2分鐘30秒，使材料沾裹醬汁。

ROLL&WRAP Main dish

捲入·包裹 的 主 菜 （ 肉 ）

ROLL&WRAP MAIN DISH.05

墨西哥雞肉捲

調味是辣且酸的墨西哥風味。
大量的蔬菜和起司，
也可以一起夾入餐包中

冷藏保存 5 日 ｜ 冷凍保存 2 週

微波烹調

材料 1條

雞里脊 …1條（60g）
A 番茄醬 …2大匙
　辣椒粉、顆粒狀西式高湯粉 … 各少許
　檸檬汁 …1小匙

製作方法

1 雞里脊放入塑膠袋內，用擀麵棍敲打成約1.5倍的大小。

2 取出1攤平，由邊緣開始捲起，捲至最後用2根牙籤固定2處。

3 在耐熱容器內混合A，排放2，鬆鬆的覆蓋上保鮮膜。以微波爐（600W）加熱約2分鐘30秒，取下牙籤對半分切。

ROLL&WRAP MAIN DISH.06

甜鹹味噌肉蛋卷

不需用火，只要一個容器，立刻能完成的雞蛋料理。只要將加熱過的雞蛋捲起，整型也非常容易

point
保存時，請用廚房紙巾拭去多餘的水份，再包覆保鮮膜放入保存容器內。

冷藏保存 3 日 ｜ 冷凍保存 2 週

材料 1條 ※ 使用的是 12×17.5× 深 6cm
大小的耐熱容器

微波烹調

雞絞肉 …50g
雞蛋（L尺寸）…1個
A 水 …1大匙
　砂糖、味噌、醬油、美乃滋
　　…各1小匙

製作方法

1 耐熱容器內放入雞絞肉、A，充分混拌，加入雞蛋再次充分攪拌。

2 鬆鬆的覆蓋上保鮮膜以微波爐（600W）加熱約2分鐘（照片 a）。

3 攤開保鮮膜，趁熱放上2，由邊緣開始捲起，靜置約1分鐘固定。取下保鮮膜，切成4等份。

a

ROLL&WRAP MAIN DISH.07

辣味醬汁糯米椒豬五花卷

甜辣滋味最適合搭配米飯。使糯米椒蒂外露，用豬肉包捲
就能讓菜餚的形狀呈現不同的變化，讓便當豐盛感更上一層

冷藏保存 **5** 日　冷凍保存 **2** 週

材料 2 條

豬五花薄片（10cm長）…2片（20g）
糯米椒 …2根（12g）
A 韓式辣醬、味醂 … 各1小匙
┗ 熟白芝麻 … 1/3小匙
芝麻油 …1小匙

製作方法

1　糯米椒保留蒂頭，並用牙籤在糯米椒表面刺出
　　幾個孔洞。
2　每片豬肉各別捲起1的糯米椒。
3　在平底鍋中倒入芝麻油，用略小的中火加熱，
　　將2肉卷的閉合口朝下排放，不時翻動烘煎約
　　3分鐘。加入A迅速拌炒沾裹。

ROLL&WRAP MAIN DISH.08

微波雞里脊捲蘆筍

放涼後依舊柔軟的雞肉菜餚。雞里脊敲打以延展表面積，
只要能沾裹住調味料，就能讓美味均勻呈現

冷藏保存 **5** 日　冷凍保存 **2** 週

微波
烹調

材料 1 條

雞里脊 …1條
綠蘆筍 …1根（25g）
A 酒、橄欖油 … 各2大匙
┗ 鹽、胡椒 … 各1/4小匙

製作方法

1　雞里脊放入塑膠袋內，用擀麵棍敲打成1.5倍
　　的大小。蘆筍切去根部老硬的部分，長度對半
　　分切。
2　在1的塑膠袋內，加入A使其入味。取出雞里
　　脊攤開，在靠近自己的方向擺放蘆筍並向前包
　　捲，捲至最後用2根牙籤固定2處。
3　在耐熱容器內，連同2的醬汁一起排放，鬆
　　鬆的覆蓋上保鮮膜。以微波爐（600W）加熱約
　　2分30秒，取下牙籤對半分切。

point
鹽可用等量的顆粒
狀日式高湯粉來替
換，就能夠增添不
同風味的變化。

ROLL&
WRAP
Main dish

捲
入
‧
包
裹

的
主
菜

（
肉
）

ROLL&WRAP MAIN DISH.09

豬五花和綠花椰佐奶油茄汁

番茄醬與奶油的濃郁醬汁，無論米飯或麵包都是絕佳搭配。
綠花椰的頂端像花朵般，也很適合孩童們的便當

冷藏保存 3 日　冷凍保存 2 週

微波
烹調

材料　4 個

豬五花薄片（10cm長）…4片（40g）
綠花椰 … 1/4個（50g）
A 番茄醬、水 … 各2大匙
└ 奶油 … 5g

製作方法

1 綠花椰切成4等份。豬肉1片各別包捲1小朵綠花椰。

2 在耐熱容器內混合A，1肉卷的閉合口朝下排放，鬆鬆的覆蓋上保鮮膜以微波爐（600W）加熱約2分鐘，使材料沾裹醬汁。

point
使用的咖哩是甜口或中辣的辣度。咖哩粉的份量請依個人喜好進行調整

ROLL&WRAP MAIN DISH.10

馬鈴薯肉捲咖哩醬

若有冷凍馬鈴薯條，就可以不用
削皮、分切，更輕鬆！
濃郁的咖哩醬汁令人無法抗拒

冷藏保存 5 日　冷凍保存 2 週

微波
烹調

材料　2 條

碎牛肉片 … 50g
冷凍馬鈴薯條 … 6根（18g）
A 牛奶 … 3大匙
ː 中濃豬排醬 … 1/2大匙
└ 咖哩粉 … 1/2小匙

製作方法

1 用1/2份量的牛肉包捲冷凍狀態的薯條3條。

2 在耐熱容器內混合A，1肉卷的閉合口朝下排放，鬆鬆的覆蓋上保鮮膜以微波爐（600W）加熱約2分20秒，使材料沾裹醬汁。

ROLL&WRAP MAIN DISH.11

紅蘿蔔片的蜂蜜芥末卷

包捲大量紅蘿蔔片的肉卷，色彩鮮艷更能增添
便當的繽紛。蜂蜜芥末醬最適合搭配豬肉

point
用刨刀刨削的紅蘿蔔片，因為薄所以也容易受熱

冷藏保存 4 日　冷凍保存 2 週

微波
烹調

材料　2 條

豬里脊薄片 … 2片（30g）
紅蘿蔔 … 1/2根（75g）
A 蜂蜜、水 … 各1大匙
└ 粒狀芥末、醬油 … 各1小匙

製作方法

1 紅蘿蔔用刨刀刨削成細長薄片，用水沖洗後，瀝乾水份。

2 用1片豬肉各別包捲1/2份量的紅蘿蔔片。

3 在耐熱容器內混合A，2肉卷的閉合口朝下排放，鬆鬆的覆蓋上保鮮膜以微波爐（600W）加熱約2分鐘，使材料沾裹醬汁

ROLL&WRAP MAIN DISH.12

香辣生菜卷

絞肉確實調味，完成具嚼感的菜餚。
萵苣是柔軟的，因此不需先燙煮
就能簡單完成

冷藏保存 **3** 日　冷凍保存 **2** 週

材料 2條　（微波烹調）

豬絞肉 …50g

皺葉生菜（leaf lettuce）…1片（8g）

A 柴魚和風醬油（2倍濃縮）…1小匙
太白粉、辣油 … 各1/2小匙
薑泥（市售軟管狀）…1cm

製作方法

1. 萵苣用手對半撕開。
2. 將絞肉、A放入塑膠袋內，充分揉和。
3. 用1片萵苣各別包捲2的1/2份量。
4. 在耐熱容器內將3肉卷的閉合口朝下排放，鬆鬆的覆蓋上保鮮膜以微波爐（600W）加熱約2分鐘。

ROLL&
WRAP
Main dish

捲
入
·
包
裹

的
主
菜

（
魚
貝
）

ROLL&WRAP MAIN DISH.13

帆立貝
奶油醬油海苔卷

美味滿滿的帆立貝，即使簡單的烹煮，
都是存在感十足的菜色。
包捲上烤香的海苔，絕妙風味

冷藏保存 **3日** ｜ 冷凍保存 **2週**

材料 2個

帆立貝的貝柱 …4個
烘烤海苔（約2.5×6cm）…4片
A 砂糖、醬油 … 各1小匙
└ 奶油 …5g

製作方法

1 用略小的中火加熱平底鍋，放入帆立貝、A，
　二面各別煎約1分鐘後取出。

2 用1片烘烤海苔包捲帆立貝。

point
花枝過度加熱會
變硬，因此採取
短暫加熱，柔軟
地完成烹煮。

ROLL&WRAP MAIN DISH.14

梅香蒸花枝

清淡的花枝搭配青紫蘇和梅子泥，
烘托突顯出風味。呈現渦旋狀切面
裝入便當盒內，看起來既可愛又美味

冷藏保存 **3日** ｜ 冷凍保存 **2週**

微波
烹調

材料 1條

花枝（捲成圈狀的花枝）…1片（120g）
青紫蘇 …2片（1g）
A 醬油、味醂 … 各1大匙
└ 梅子泥（市售軟管狀）…1cm

製作方法

1 攤平花枝，擺放2片青紫蘇包捲起來，捲至最後
　用2根牙籤固定2處。

2 在耐熱容器內，混合A、放入1，鬆鬆的覆蓋上
　保鮮膜。以微波爐（600W）加熱約2分鐘，取下
　牙籤分切成4等份。

鮮蝦海苔鹽水餃

酥脆的餃皮和Q彈蝦仁的口感
令人心動！芝麻油和青海苔風味
更烘托出蝦仁的美味

材料 2個

蝦仁 … 4尾（40g）
水餃皮 … 2片
鹽、青海苔 … 各適量
芝麻油 … 2小匙

製作方法

1 蝦仁洗淨後拭乾水份，加入1小匙芝麻油、鹽
　混拌。

2 在每片餃皮中央放置1尾蝦子，餃皮邊緣用水
　蘸濕，對折包妥。

3 在平底鍋中倒入1小匙芝麻油，用略小的中火
　加熱，排放2，每面各別煎約1分30秒，熄火，
　撒上鹽、青海苔。

point
邊翻面邊煎炸，
這樣即使是少許
的油，也能煎炸
出漂亮的金黃色

明太子起司春捲

因包捲著風味紮實的明太子和起司，
因此不需要調味料。切面是漂亮的粉紅色，
所以切開再放入便當盒內

材料 2條

明太子 … 1/2條（15g）
披薩用起司 … 20g
春捲皮 … 2片
沙拉油 … 2大匙

製作方法

1 明太子對半分切。

2 每片春捲皮的中央稍微靠近自己的地
　方，各別放置1的1/2份量與1/2的起
　司。向前捲、左右兩側各別往內折疊，
　再朝外捲起，在邊緣處用水蘸濕，貼合。

3 在平底鍋中倒入沙拉油，用略小的中火
　加熱，將2肉卷的閉合口朝下排放，邊
　翻面邊烘煎約3分鐘。

TYPE | shape | 03 | 用5分鐘完成以形狀區分的主菜

不規則形狀主菜

冷藏保存 **5** 日 ｜ 冷凍保存 **2** 週

材料 方便製作的份量

豬里脊肉（薑燒肉片用）… 2片（50g）
綠蘆筍 … 1根（25g）
A 烤肉醬（市售）… 1/2大匙
└ 咖哩粉 … 1/2小匙
沙拉油 … 1小匙

製作方法

1 豬肉切成1cm寬的細條狀。蘆筍切除底部老硬部分，斜切成薄片。

2 在平底鍋中倒入沙拉油，用略小的中火加熱，放入1的豬肉拌炒2分鐘。加入1的蘆筍、A，再迅速拌炒約20秒。

RANDOM MAIN DISH.01

補充元氣的炒咖哩豬肉蘆筍

以添加咖哩粉的烤肉排醬汁熱炒蔬菜。蘆筍是不易出水的蔬菜，很適合作為便當菜

point
蘆筍斜切成薄片，可以縮短加熱時間，也更多彩鮮艷。

不規則形狀 主菜 （肉）

point
美乃滋過度加熱時滑順美味會消失，以迅速受熱即可。

RANDOM MAIN DISH.02

蠔油美乃滋拌炒豬肉青椒

不需分切就能使用的碎豬肉片，和能快速受熱的青椒，兩三下就能完成。蠔油與美乃滋的濃郁滋味令人難以抗拒

冷藏保存 **5** 日 ｜ 冷凍保存 **2** 週

材料 方便製作的份量

碎豬肉片 … 50g
青椒 … 1個
A 美乃滋、水 … 各1大匙
└ 蠔油 … 1小匙
沙拉油 … 1小匙

製作方法

1 青椒切成5mm寬的細條狀。混合A備用。

2 在平底鍋中倒入沙拉油，用略小的中火加熱，放入豬肉、1拌炒2分鐘。

RANDOM MAIN DISH.03

中式玉米雞

看起來圓滾滾像是爆米花大小的雞肉。
醃漬調味添加了芝麻油，
因此可以直接沾裹麵包粉

冷藏保存 **5** 日 ｜ 冷凍保存 **2** 週

材料 方便製作的份量

雞里脊 … 1 條（60g）
A 芝麻油 … 1 小匙
└ 顆粒雞高湯粉 … 1/3 小匙
麵包粉 … 1 ～ 2 大匙
沙拉油 … 3 大匙

製作方法

1 雞里脊切成 1.5cm 大小。
2 在塑膠袋內放入1、A混拌，加入麵包粉沾裹。
3 在平底鍋中倒入沙拉油，用略小的中火加
　熱。放入2不斷翻轉煎炸約3分鐘。

RANDOM MAIN DISH.04

雞肉青紫蘇味噌

微波加熱使味道滲入雞肉中
帶著甜味噌青紫蘇的香氣，
是令人食慾大振的菜色

冷藏保存 **5** 日 ｜ 冷凍保存 **2** 週　微波烹調

材料 方便製作的份量

雞腿肉 … 1/2 片（150g）
青紫蘇 … 2 片（1g）
A 蜂蜜、水 … 各2小匙
└ 味噌、醬油、熟白芝麻 … 各1小匙

製作方法

1 雞肉切成3cm大小。青紫蘇切成1cm寬。
2 在耐熱容器內混合 A，放入1混拌。鬆
　鬆的覆蓋上保鮮膜。以微波爐（600W）
　加熱約2分鐘。

不
規
則
形
狀

主菜

（肉）

point
高麗菜切得略大，
與豬肉一起加熱時
就能保存口感

RANDOM MAIN DISH.05

薑味豬肉高麗菜

最經典的菜色薑燒肉片用微波來製作。
搭配容易受熱煮熟的高麗菜
能嚐到青脆的口感並變化搭配

冷藏保存 **5** 日 ｜ 冷凍保存 **2** 週

微波烹調

材 料 方便製作的份量

豬里脊肉（薑燒肉片用）… 2 片（50g）
高麗菜 … 1 片（50g）
A 醬油、味醂、酒 … 各 1/2 大匙
　薑泥（市售軟管狀）… 1cm

製作方法

1 將豬肉長度分切成 3 等份。高麗菜切成 3cm
　大小。
2 在耐熱容器內混合 A，放入 1 混拌。鬆鬆的
　覆蓋上保鮮膜。以微波爐（600W）加熱約
　2 分鐘。

RANDOM MAIN DISH.06

微波雞里脊
佐奶油芥末醬

藉著一起加熱奶油醬汁，增加油脂成分
使雞里脊潤澤美味。在裝入便當盒時，
請略瀝去醬汁（湯汁）

冷藏保存 **5** 日 ｜ 冷凍保存 **2** 週

微波烹調

材 料 方便製作的份量

雞里脊 … 1 條（60g）
A 鮮奶油（或咖啡奶油球）… 2 大匙
　芥末籽醬、水 … 各 1 小匙
　顆粒西式高湯粉 … 1/4 小匙

製作方法

1 雞里脊斜向片切成 4 等份。
2 在耐熱容器內混合 A，放入 1 混拌。鬆鬆的覆
　蓋上保鮮膜。以微波爐（600W）加熱約 2 分鐘。

材料 方便製作的份量

微波
烹調

雞腿肉 … 1/2 片（150g）
番薯 … 小型 1/4 條（50g）
A 柴魚和風醬油（2 倍濃縮）… 2 大匙
味醂、水 … 各 1 大匙
芝麻油 … 1 小匙

製作方法

1 雞肉切成 3cm 大小。番薯連皮切成
5mm 厚的半月形。

2 在耐熱容器內混合 A，放入 1 混拌。
鬆鬆的覆蓋上保鮮膜。以微波爐
（600W）加熱約 3 分鐘 30 秒。

RANDOM MAIN DISH.07

高湯煮雞肉甜薯

吸收了雞肉精華的番薯，
絕妙美味！
常見的燉煮只要變化
使用的油脂，
就能呈現不同風味。
小朋友們也會喜歡

point
番薯帶皮分切，可
以省去削皮的時
間。視覺更豐富

RANDOM MAIN DISH.08

香料番茄醬
炒豬五花黃豆

咖哩粉風味令人食慾大振。也能與
燙煮過的通心粉混拌，或是簡單地
與歐姆蛋的食材變化搭配！

冷藏保存 5 日 ｜ 冷凍保存 2 週

材料 方便製作的份量

豬五花薄片 … 50g
大豆（水煮）… 30g
奶油 … 5g
A 番茄醬 … 1 大匙
咖哩粉 … 1/4 小匙
顆粒西式高湯粉 … 少許

製作方法

1 豬肉切成 2cm 寬條。大豆瀝乾水份。

2 在平底鍋中放入奶油，用略小的中
火加熱，放入 1、A，拌炒約 3 分鐘。

RANDOM Main dish

不規則形狀 主菜（肉）

RANDOM MAIN DISH.09

絞肉馬鈴薯肉醬

用冷凍馬鈴薯條取代義大利麵。可以省下燙煮義大利麵的時間，
冷凍薯條直接在冷凍狀態下即可使用，在忙碌的早晨真的非常方便。

point
為了縮短加熱時間，
建議選擇切成細條狀
的薯條

冷藏保存 **5** 日 ｜ 冷凍保存 **2** 週

材 料 方便製作的份量

混合絞肉 … 50g
冷凍馬鈴薯條（市售）… 50g
A 番茄醬、水 … 各1大匙
　中濃豬排醬 … 1/2大匙
　蒜泥（市售軟管狀）… 1cm

製作方法

1 在平底鍋中放入絞肉、A，粗略混拌，
　加進冷凍馬鈴薯。用略小的中火加熱，
　拌炒約 3 分 30 秒。

RANDOM MAIN DISH.10

高湯炒豬肉綠花椰

加入水份燜煮，可以快速地加熱
厚片豬肉和青花椰。西式高湯的鹹味
更襯托出食材的風味

冷藏保存 **4** 日 ｜ 冷凍保存 **2** 週

材 料 方便製作的份量

豬里脊肉（豬排用）… 1片（100g）
綠花椰 … 1/4個（50g）
A 顆粒西式高湯粉 … 1/4小匙
　粗粒黑胡椒 … 少許
　蒜泥（市售軟管狀）…（依個人喜好）1cm
橄欖油 … 1小匙

製作方法

1 豬肉切成 1cm 寬。綠花椰分切成小朵。
2 在平底鍋中倒入橄欖油，用略小的中火
　加熱，放入1、2大匙的水蓋上鍋蓋，約
　燜煮2分30秒。
3 熄火，加入 A，迅速拌炒。

RANDOM MAIN DISH.11

碎牛肉炒蛋

帶著紅辣椒的辛辣鹹香。拌炒的肉片、
鬆軟的炒蛋都用同一支平底鍋就能完成
能省下清洗的時間，真令人開心！

冷藏保存 **3** 日 ｜ 冷凍保存 **2** 週

材料 方便製作的份量

碎牛肉片 … 50g
雞蛋 … 1個
A 砂糖、醬油 … 各1小匙
└ 紅辣椒（切成辣椒圈）… 1/4根
芝麻油 … 1大匙

製作方法

1 攪散雞蛋。
2 平底鍋中倒入芝麻油1/2大匙，用略小
   的中火加熱，放入牛肉拌炒約2分鐘。
3 將牛肉推至平底鍋邊，空出的位置再
   放入1/2大匙芝麻油，倒入1大動作拌
   炒成鬆軟的炒蛋，熄火。
4 加入A混拌至全體融合，利用餘溫完
   成製作。

RANDOM MAIN DISH.12

豬肉炒青江菜

顏色鮮艷的青江菜能使便當呈現華麗風貌。
使用微波爐可以縮短烹煮時間，
也不容易產生水份，是最適合的便當菜

冷藏保存 **3** 日 ｜ 冷凍保存 **2** 週

微波
烹調

材料 方便製作的份量

碎豬肉片 … 50g
青江菜（小棵）… 100g
A 水 … 1大匙
└ 蠔油、味醂
   … 各1/2大匙

製作方法

1 青江菜切成2cm長。
2 在耐熱容器內混合A，放入
   豬肉、1混拌。鬆鬆的覆蓋
   上保鮮膜。以微波爐（600W）
   加熱約3分鐘。

point
青江菜用微波爐
烹調，即使莖葉
同時加熱，也能
呈現美味

037

RANDOM
Main dish

不
規
則
形
狀

主
菜

（
魚
貝
）

point
鯖魚的鹹味過重
時，請減少醬油
份量來調整

RANDOM MAIN DISH.13

微波味噌鯖魚

省掉很多麻煩費事的步驟，能簡單完成的
味噌鯖魚。使用鹽漬鯖魚風味更紮實，
也不需要去腥處理

冷藏保存 **5** 日 ｜ 冷凍保存 **2** 週

微波
烹調

材料 方便製作的份量

鹽漬鯖魚（魚片）…1片（70g）
長蔥 …1/2根（50g）
A 砂糖、水 …各2小匙
味噌、醬油 …各1小匙
薑泥（市售軟管狀）…1cm

製作方法

1 鯖魚分切成4等份。長蔥斜向切成1cm寬。
2 在耐熱容器內混合 A，放入 1 混拌。鬆鬆的
覆蓋上保鮮膜。以微波爐（600W）加熱約
3分鐘。

RANDOM MAIN DISH.14

香辣鮭魚

大人口味、令人無法忘懷的香辣。
連不愛吃魚的人都能輕易接受
豆瓣醬的份量請依個人喜好調整

point
鮭魚撒上太白粉
再烹調，可以省
下勾芡的功夫，
讓魚肉更結實

冷藏保存 **4** 日 ｜ 冷凍保存 **2** 週

微波
烹調

材料 方便製作的份量

新鮮鮭魚（魚片）…1片（70g）
太白粉 …1小匙
A 水 …2大匙
番茄醬、砂糖、醋 …各1大匙
豆瓣醬 …1/4小匙

製作方法

1 鮭魚分切成4等份，撒上太白粉。
2 在耐熱容器內混合 A，放入 1 混拌。鬆鬆的
覆蓋上保鮮膜。以微波爐（600W）加熱約
3分鐘。

RANDOM MAIN DISH.15

日式風味
塔塔醬鮮蝦

熟悉的塔塔醬鮮蝦，用柴魚和風醬油
與柚子胡椒來搭配。柚子胡椒的
辣味和香氣飄散在口中

冷藏保存 **3** 日 ｜ 冷凍保存 **2** 週

微波
烹調

材料 方便製作的份量

蝦仁 …10尾（100g）
A 美乃滋 …2小匙
柴魚和風醬油（2倍濃縮）…1/2大匙
柚子胡椒（市售軟管狀）…2cm

製作方法

1 蝦仁清洗後拭乾水份。
2 在耐熱容器內混合 A，放入 1 混拌。鬆鬆的
覆蓋上保鮮膜。以微波爐（600W）加熱約
2分鐘。

中式
熱炒花枝甜豆

口感豐富的熱炒菜。食材都是容易煮熟的，
因此迅速拌炒就能完成
簡單調味，活用花枝的鮮甜

冷藏保存 **3** 日 ｜ 冷凍保存 **2** 週

材 料 方便製作的份量

花枝（圈狀的花枝）
　…1片（120g）
甜豆 … 6 根
A 顆粒雞高湯粉 … 1/4 小匙
　鹽、胡椒 … 各少許
芝麻油 … 1/2 大匙

製 作 方 法

1 花枝切成 1cm 寬、4cm 長，拭
　乾水份。甜豆撕去粗纖維。
2 在平底鍋中倒入芝麻油，用
　略小的中火加熱，放入 1 拌炒
　2 分鐘。加入 A，迅速拌炒。

材料 2條

雞里脊 … 1條（60g）
A 鹽、胡椒、蒜泥（市售軟管狀）
　 … 各少許
└ 橄欖油、低筋麵粉 … 各1小匙
玉米脆片 … 適量
芝麻油 … 4大匙

製作方法

1 雞里脊略斜向片切。
2 使1裹上混合好的 A。
3 在塑膠袋內放入玉米脆片，用手輕揉碎，放入2沾裹。
4 在平底鍋中倒入芝麻油，用略小的中火加熱，放入3蓋上鍋蓋，二面各油炸1分40秒完成。

point
麵衣用玉米脆片，可以縮短加熱時間，用少許的油即可製作

LONG & BIG MAIN DISH.01

酥炸玉米脆片雞里脊

玉米脆片的麵衣讓雞肉看起來格外特別。
調味時添加了橄欖油，連雞里脊都能有潤澤口感

| TYPE | shape | 04 | 用5分鐘完成 以形狀區分的主菜

LONG & BIG Main dish

長形・大型 主菜

LONG & BIG MAIN DISH.02

香煎豬排佐肉排醬汁～

即使是厚切肉片也柔軟多汁，放涼後美味不減
受到全家好評的大份量菜色。肉排醬汁用家裡
現有的調味料簡單就能完成

材料 1片

豬里脊肉（豬排用）… 1條（100g）
A 番茄醬、中濃豬排醬 … 各1/2大匙
└ 砂糖、醬油 … 各1小匙
沙拉油 … 1小匙

製作方法

1 將豬肉放入塑膠袋內，用擀麵棍敲打全體。
2 在平底鍋中倒入沙拉油，用略小的中火加熱，放入1蓋上鍋蓋，二面各煎1分30秒。加入A迅速使其沾裹醬汁。

point
豬肉用擀麵棍敲打就不容易因加熱而緊縮，可以柔軟地完成

長形・大型 主菜（肉）

LONG & BIG MAIN DISH.03

蔥醬雞肉

很容易乾柴的雞里脊，藉由撒上太白粉後
加熱以增加口感的潤澤。加了蔥花的稠濃
醬汁，健康又令人心滿意足

冷藏保存 **4** 日 ｜ 冷凍保存 **2** 週

材料 2 片

（微波烹調）

雞里脊 … 2 片（120g）
太白粉 … 1 小匙
A 青蔥（蔥花）… 1 根
酒 … 4 大匙
顆粒雞高湯粉、芝麻油
… 各 1/2 小匙

製作方法

1 雞里脊放入塑膠袋內，用擀麵
　棍敲打成 1.5 倍，撒上太白粉。
2 在耐熱容器內混合 A，排放 1。
　鬆鬆的覆蓋上保鮮膜。以微波
　爐（600W）加熱約 2 分 30 秒。

LONG & BIG MAIN DISH.04

BBQ 照燒雞肉

照燒風味用微波爐製作，不易燒焦也
不會失敗。濃郁的 BBQ 風味，
是想嘗試重口味時最推薦的菜色

冷藏保存 **5** 日 ｜ 冷凍保存 **2** 週

材料 2 片

（微波烹調）

去骨雞腿肉 … 1/2 片（150g）
A 水 … 1 大匙
砂糖、番茄醬、韓式辣醬 … 各 2 小匙

製作方法

1 去骨雞腿肉對半分切。
2 在耐熱容器內混合 A，排放 1。鬆鬆
　的覆蓋上保鮮膜。以微波爐（600W）
　加熱約 3 分鐘。

LONG & BIG MAIN DISH.05

檸檬胡椒炒豬肉洋蔥

最能搭配檸檬酸味的黑胡椒，
就是提味的重點。利用微波加熱
更加突顯洋蔥的甜味

冷藏保存 **5** 日 ｜ 冷凍保存 **2** 週

材料 2片

微波
烹調

豬里脊薄片 … 2片（30g）
洋蔥 … 1/4個（50g）
A 檸檬汁、水 … 各1大匙
　 橄欖油 … 1小匙
　 鹽、粗粒黑胡椒 … 各少許

製作方法

1 洋蔥切成厚度3mm的薄片。
2 在耐熱容器內混合A，排放豬肉再
　 擺放1。鬆鬆的覆蓋上保鮮膜。以微
　 波爐（600W）加熱約2分10秒。

LONG & BIG MAIN DISH.06

醬汁風味炸雞

因有伍斯特醬的醃漬調味，
不需澆淋醬汁就很OK。
雞胸肉切成細條狀，
減少厚度就能縮短加熱時間

冷藏保存 **5** 日 ｜ 冷凍保存 **2** 週

材料 4條

雞胸肉 … 1/2片（150g）
A 伍斯特醬 … 1大匙
　 沙拉油 … 2小匙
麵包粉 … 適量
沙拉油 … 5大匙

製作方法

1 雞胸肉切成4等份的細條狀。
2 在塑膠袋內放入1、A，充分拌勻，
　 放入麵包粉沾裹。
3 在平底鍋中倒入沙拉油，用略小的
　 中火加熱，放入2蓋上鍋蓋，二面
　 各油炸約2分鐘。

冷藏保存 **5** 日 ｜ 冷凍保存 **2** 週

材料 2 片

豬里脊肉（薑燒肉片用）…2 片（50g）
A 鮮奶油（或咖啡奶油球）…3 大匙
　咖哩粉、伍斯特醬 … 各 1/2 小匙
　顆粒西式高湯粉 … 1/4 小匙
乾燥巴西利 …（依照喜好）少許

製作方法

1　在耐熱容器內混合 A，排放入豬肉，鬆鬆的覆蓋上保鮮膜。以微波爐（600W）加熱約 2 分鐘，依照喜好撒上巴西利葉。

LONG & BIG MAIN DISH.07

美味豬肉佐咖哩醬汁

柔和濃醇的咖哩奶油豪奢地沾裹在豬肉上。鮮奶油改為咖啡用的奶油球也OK

LONG & BIG MAIN DISH.08

番茄醬汁嫩煎豬肉

將豬肉沾裹添加起司粉的蛋液再煎炸。醬汁的番茄醬藉由加熱揮發其中的酸味，讓滋味更加柔和

冷藏保存 **5** 日 ｜ 冷凍保存 **2** 週

材料 2 片

豬里脊肉（薑燒肉片用）…2 片（50g）
A 雞蛋 … 1/2 個
　起司粉 … 1 大匙
番茄醬 … 2 大匙
沙拉油 … 2 小匙

製作方法

1　在缽盆中混拌 A，放入豬肉沾裹。
2　在平底鍋中倒入沙拉油，用略小的中火加熱，放入 1 的豬肉蓋上鍋蓋，二面各煎約 1 分鐘。澆淋上番茄醬，稍微加熱。

LONG & BIG MAIN DISH.09

奶油香煎鮭魚

奶油的風味和噴香的醬油引人垂涎，
在以市售的塔塔醬，又能嚐到另一種風味的
樂趣，雙重的美味！

冷藏保存 **3** 日　冷凍保存 **2** 週

材料 1片

新鮮鮭魚（魚片）…1片（70g）
鹽、胡椒 … 各 1/4 小匙
低筋麵粉 … 1/2 大匙
醬油 … 1 小匙
塔塔醬（市售）… 適量
奶油 …10g

製作方法

1　鮭魚依序撒上鹽、胡椒、低筋麵粉。
2　在平底鍋中放入奶油，用略小的中火加熱，
　　放入 1 蓋上鍋蓋，二面各煎約 1 分 30 秒。
　　熄火澆淋醬油。
3　食用時佐以塔塔醬。

微波
烹調

材料 1片

新鮮鱈魚（魚片）...1片（70g）
A 柑橘醋醬油 ...2大匙
├ 味醂 ...1大匙
└ 薑泥（市售軟管狀）...1cm

製作方法

1 在耐熱容器內混合 A，放入鱈魚。鬆鬆的覆蓋上保鮮膜。以微波爐（600W）加熱約2分鐘。

LONG & BIG MAIN DISH.10

柑橘醋醬油蒸鱈魚

藉著混合柑橘醋醬油和味醂，
使酸味更加圓融。魚類微波加熱較不易煮散，
還能在短時間內煮至入味

材料 1片

鹽漬鯖魚（3片分切）…1片（70g）
A 熟白芝麻、炒香黑芝麻 … 各1大匙
└ 七味粉 … 適量
橄欖油 …3大匙

製作方法

1 在鯖魚上澆淋1大匙橄欖油使其沾裹，再撒上 A。
2 在平底鍋中倒入2大匙橄欖油，用略小的中火加熱，放入1蓋上鍋蓋，二面各煎約1分30秒。

LONG & BIG MAIN DISH.11

芝麻七味鹽燒鯖魚

使用白芝麻和黑芝麻，美味雙重！
使用鹽漬鯖魚，魚肉的風味完全不輸芝麻
能嚐出紮實的美味

point
使用鹽漬鯖魚就不
需進行去腥等預備步
驟。也能久放，作為
便當菜色非常適合

微波
烹調

材料 1片

鰤魚 …1片（70g）
A 醬油、蜂蜜、水 … 各2大匙
└ 咖哩粉 …1小匙

製作方法

1 洗淨鰤魚拭乾水份，切成3等份。
2 在耐熱容器內混合 A，放入1。鬆鬆的覆蓋上保鮮膜。以微波爐（600W）加熱約2分30秒。

point
添加了大量咖哩
粉，也能消除鰤
魚的腥味

LONG & BIG MAIN DISH.12

咖哩照燒鰤魚

添加咖哩粉，讓常見的菜色
風味為之一變。辛香料的香氣
更促進食慾

想要偷閒的早晨
一道菜便當！

10 分鐘完成的麵和飯類便當

沒有時間準備很多道菜的日子，麵或飯的一道菜便當真是太方便了。
無論哪一道，一個平底鍋就能完成，即使是食慾旺盛的孩子，也能大大滿足的菜單。

NOODLE
麵

豚骨風味炒拉麵

| 冷藏保存 **5** 日 | 冷凍保存 **2** 週 |

試著變化起源於福岡，沒有湯汁的拉麵「炒拉麵」。
混合了雞高湯粉和牛奶，做出了豚骨風味

材料 1人分

炒麵用蒸麵條 … 1 袋（150g）
碎豬肉片 … 50g
洋蔥 … 1/4 個（50g）
A 牛奶 … 3 大匙
　┌ 顆粒雞高湯粉 … 1 小匙
　├ 蒜泥（市售軟管狀）… 2cm
　└ 胡椒 … 少許
青蔥（蔥花）… 適量
芝麻油 … 1 大匙

製作方法

1　洋蔥切成厚 3mm 的薄片。混合 A 備用。

2　在平底鍋中倒入芝麻油，用中火加熱，
　　放入豬肉、1 的洋蔥拌炒約 3 分鐘。

3　加進用手剝散的麵條，拌炒約 2 分鐘。
　　加入 1 的 A，迅速拌炒至水份揮發，加
　　入蔥花混拌。

一般慣用於義大利麵的明太子炒麵。
麵條不需先燙煮，因此可迅速完成。
奶香醬油的香氣令人停不了口

明太子炒麵

冷藏保存 **3** 日 ｜ 冷凍保存 **2** 週

材料 1人分

炒麵用蒸麵條 … 1袋（150g）
明太子 … 1/2條（15g）
醬油 … 1/2小匙
海苔絲（依照喜好）… 適量
奶油 … 10g

製作方法

1 除去明太子的薄膜。
2 在平底鍋中放入奶油，用中火加熱。加進用手剝散的麵條，拌炒約2分鐘，熄火。
3 加入1、醬油混拌，利用鍋子的餘溫加熱。依照喜好撒上海苔絲。

極濃美味醬炒麵

冷藏保存 **3** 日 ｜ 冷凍保存 **2** 週

最常見的炒麵再多下點功夫，
加進柴魚和風醬油。風味更加深刻，
和常吃的炒麵比起來，滋味更飽滿

材料 1人分

炒麵用蒸麵條 … 1袋（150g）
豬五花薄片 … 50g
高麗菜 … 1/2片（25g）
A 柴魚和風醬油（2倍濃縮）、
　　中濃豬排醬 … 各1大匙
　鹽、胡椒 … 各少許
青海苔（依照喜好）… 適量
沙拉油 … 1/2大匙

製作方法

1 豬肉切成3cm寬。高麗菜切成3cm大小。混合A備用。
2 在平底鍋中倒入沙拉油，用中火加熱，放入1的豬肉和高麗菜拌炒約3分鐘。
3 加進用手剝散的麵條，拌炒約2分鐘。加入1的A，迅速拌炒，依照喜好撒上青海苔。

沒時間的日子，拌炒易熟的食材，混拌就能完成的簡易義大利麵，
非常方便。食材切得略大一點，能保留口感

材料 1人分

義大利麵 … 100g
臘腸 … 2條（40g）
高麗菜 … 1/2片（25g）
A 起司粉 … 1大匙
　顆粒西式高湯粉 … 1/2小匙
橄欖油 … 1大匙

製作方法

1 義大利麵對半折斷，依照包裝標示燙煮再瀝乾水份。

2 臘腸斜向切成薄片。高麗菜切成2cm的大小。

3 在平底鍋中倒入橄欖油，用中火加熱，放入2拌炒約1分鐘。

4 放進1迅速拌炒，添加A混拌。依照喜好撒上起司粉（份量外）。

臘腸高麗菜的德式義大利麵

冷藏保存 3 日 ｜ 冷凍保存 2 週

調味的高湯不是用西式高湯，
而是使用清爽的雞高湯粉
通心粉選用能快熟的產品，更省時！

香茄絞肉通心粉

冷藏保存 **3**日 ｜ 冷凍保存 **2**週

材料 1人分

通心粉 …40g
混合絞肉 …50g
茄子 …1條（80g）
A 番茄醬 …3大匙
　 顆粒雞高湯粉 …1/2小匙
　 蒜泥（市售軟管狀）…1cm
橄欖油 …1大匙

製作方法

1 通心粉依照包裝標示燙煮再瀝乾
　水份。
2 茄子切成1cm厚的圓片。
3 在平底鍋中倒入橄欖油，用中火
　加熱，放入絞肉邊攪散邊拌炒2
　分鐘，加入2拌炒約2分鐘。
4 加入1、A，拌炒約1分鐘。

鮪魚鹽昆布的日式義大利麵

冷藏保存 **3**日 ｜ 冷凍保存 **2**週

以美味滿點的昆布和鮪魚組合的爽
口義大利麵。柑橘醋醬油過度加熱時，
酸味會揮發，因此添加後，要快速拌炒

材料 1人分

義大利麵 …100g
鮪魚罐頭（油漬）…1罐（70g）
鹽昆布 …10g
芝麻油、柑橘醋醬油 …各1大匙

製作方法

1 義大利麵對半折斷，依照包裝標示
　燙煮再瀝乾水份。
2 在平底鍋中倒入芝麻油，用中火加
　熱，放入1拌炒約1分鐘。
3 放進鮪魚罐頭（連同油脂）、柑橘
　醋醬油，迅速拌炒。

使用罐頭可以縮短加熱時間，調味也很簡單。
除了少許食材就能完成之外，也不需要分切，
風味卻是美味至極！

材料 1人分

味噌鯖魚罐頭…1罐　　溫熱米飯…1碗
　（190g）　　　　　（200g）
青蔥…1根　　　　　醬油…1又1/2大匙
雞蛋…2個　　　　　芝麻油…2大匙

製作方法

1 鯖魚罐頭取出中間魚骨瀝乾湯汁。青蔥切成蔥花。
2 在平底鍋中倒入芝麻油1大匙，放入1的鯖魚罐頭用中火加熱，邊粗略攪散邊拌炒約1分鐘。
3 將2推至平底鍋邊，空出來的位置加入1大匙芝麻油，待油熱後倒入打散的雞蛋，在尚未凝固前加入米飯，邊攪散邊迅速拌炒至全體呈鬆散狀。
4 放入醬油、1的青蔥，迅速拌炒。

冷藏保存 **3** 日　冷凍保存 **2** 週

味噌鯖魚炒飯

蝦仁的美味和甜味，搭配醬汁獨特的香氣，教人無法抗拒，是岡山縣當地美食變化而來不分年齡都喜愛的美妙滋味

材料 1人分

蝦仁…5尾（50g）
雞蛋…2個
溫熱米飯…1碗（200g）
A 番茄醬、中濃豬排醬…各2大匙
　蒜泥（市售軟管狀）…1cm
奶油…10g

製作方法

1 混合A備用。
2 在平底鍋中放入奶油，用中火加熱，放進蝦仁拌炒約1分鐘。
3 倒入攪散的蛋液，在尚未凝固前加入米飯，邊攪散邊迅速拌炒至全體呈鬆散狀。
4 放入1，拌炒約2分鐘。

冷藏保存 **3** 日　冷凍保存 **2** 週

蝦仁飯

簡單的炒飯，因咖哩的風味而大大提升了
滿足感！加入米飯後，邊攪散結塊邊迅速
拌炒，就能炒出鬆散的成品

玉米培根咖哩炒飯

| 冷藏保存 **3** 日 | 冷凍保存 **2** 週 |

材料 1人分

培根 … 4片
玉米罐頭 … 1/2罐（100g）
雞蛋 … 2個
溫熱米飯 … 1碗（200g）
A 咖哩粉、顆粒雞高湯粉 … 各1小匙
└ 沙拉油 … 2大匙

製作方法

1　培根切成1cm大小。
2　在平底鍋中倒入沙拉油，放進1、
　玉米罐頭（瀝去湯汁）用中火加
　熱，拌炒約2分鐘。
3　倒入攪散的蛋液，在尚未凝固前加
　入米飯，邊攪散邊迅速拌炒至全體
　呈鬆散狀，加入A，迅速拌炒。

| 冷藏保存 **3** 日 | 冷凍保存 **2** 週 |

中式海鮮羹

綜合海鮮迅速就能烹煮，與鋁箔包的米飯一起冷凍常備。
在睡過頭的早晨也能火速地備好便當

材料 1人分

冷凍綜合海鮮 … 150g
白菜 … 1片（100g）
A 顆粒雞高湯粉、
　　醬油 … 各1小匙
　蒜泥（市售軟管狀）
　　… 1cm
└ 鹽、胡椒 … 各少許
B 水 … 2大匙
└ 太白粉 … 1大匙
芝麻油 … 1大匙

製作方法

1　白菜切成2cm寬。
2　在平底鍋中倒入芝麻
　油，用中火加熱，放入
　冷凍狀態的綜合海鮮拌
　炒約3分鐘。
3　加入1，拌炒約2分鐘，
　加入A、熱水300ml混
　拌。煮至沸騰後轉為小
　火，圈狀澆淋混合好的
　B，混拌至產生稠濃。

chapter 02

依照顏色做出漂亮的菜餚！

5分鐘完成的
多彩便當菜

打開便當盒時，會令人覺得「好好吃！」的重要因素就是"色彩"。
選擇配菜的顏色來補足主菜不足的色彩，可以使便當在視覺上更出色。
食譜配方是方便製作的份量，
因此剩餘的菜餚請以冷藏、冷凍保存。

配菜很重要的 6 大色彩

本書中，依照完成時的顏色分為6大類。
選擇反差色和熟悉色的配菜組合，不但輕鬆、還能使便當看起
來更生動具吸引力。

反差色菜餚

紅

鮮艷又能成為便當中醒
目的色彩。除了紅蘿蔔、
紅甜椒等紅色食材之外，
因番茄醬或紅紫蘇香
鬆…等調味料，而增添
色彩的菜餚也很棒。

反差色菜餚

綠

很適合與其他色系互相
搭配，非常諧和的顏色。
活用鮮艷綠色的食材成
為醒目存在。在便當
中若能搭配綠色菜餚，
不僅視覺美觀，也兼顧
營養。

反差色菜餚

紫

華麗且能使樸素的便當
充滿質感。除了使用紫
甘藍或紫洋蔥之外，在
此也介紹活用番薯、茄
子的菜餚。

熟悉色菜餚

黃

添加黃色，可以呈現出
明亮的印象。本書中搭
配的是南瓜、玉米、雞蛋
這3種，利用形狀和風味
的變化，即使是相同的食
材，也可以吃不膩地開心
享用。

熟悉色菜餚

白

不但很適合用於反差色，
更適合搭配濃烈色彩的
主菜。沒有不適合搭配
的顏色，因此即使用來
填滿間隙，都能讓便當
整體更加豐盛活潑。

熟悉色菜餚

黑 & 棕

整合全部色彩的暗色，
能更加烘托出紅色或綠
色等各種鮮艷色彩。當
色彩繽紛的便當中，感
覺少了點什麼時，特別
有增艷的效果。

用 5 分鐘完成的 多彩菜色

紅 色 菜 餚

☑ RED   ☐ GREEN   ☐ BLACK&BROWN
☐ PURPLE   ☐ YELLOW   ☐ WHITE

① 柴魚和風柑橘醋醬油涼拌紅甜椒

微波加熱使風味確實滲入食材。
瀝乾水份裝入便當也不會走味，
風味令人十分滿足

冷藏保存 5 日 ｜ 冷凍保存 2 週

材料 方便製作的份量　　微波烹調

甜椒（紅）… 1/2 個（70g）
A 柴魚和風醬油（2 倍濃縮）、
　 柑橘醋醬油 … 各 1/2 大匙

製作方法

1. 甜椒切成 2cm 的大小。
2. 在耐熱容器內混合 A，放入 ①。鬆鬆的覆蓋上保鮮膜。以微波爐（600W）加熱約 1 分鐘，混拌。

② 醬炒蘿蔔魚肉腸

用伍斯特醬拌炒蘿蔔做成
中式配菜。搭配魚肉腸，
更增美味並且份量十足

冷藏保存 3 日 ｜ 冷凍保存 2 週

材料 方便製作的份量

蘿蔔 … 4cm（180g）
魚肉腸 … 1 根（95g）
芝麻油、伍斯特醬 … 各 1 大匙

製作方法

1. 蘿蔔切成 2cm 大小。魚肉腸切成 3mm 厚的圓片。
2. 在平底鍋中倒入芝麻油，用略小的中火加熱，放入 ① 的蘿蔔、2 大匙水，蓋上鍋蓋，拌炒約 3 分鐘。
3. 加入 ① 的魚肉腸、伍斯特醬，再拌炒約 30 秒。

③ 蘿蔔拌明太子

清爽風味的蘿蔔，拌入柴魚和風醬油
和明太子，就成了很下飯的菜餚了。
小小塊狀看起來也很可愛

冷藏保存 3 日 ｜ 冷凍保存 2 週

材料 方便製作的份量　　微波烹調

蘿蔔 … 4cm（180g）
明太子 … 1/2 條（15g）
柴魚和風醬油（2 倍濃縮）
… 1 大匙

製作方法

1. 蘿蔔切成 2cm 的大小。明太子除去薄膜。
2. 在耐熱容器內放入 ①、柴魚和風醬油，鬆鬆的覆蓋上保鮮膜。以微波爐（600W）加熱約 3 分鐘，加入 ① 的明太子混拌。

④ 紅甜椒涼拌濃味噌

鹹甜醬汁，不喜歡甜椒的小朋友
也能輕鬆入口的菜色。切絲後迅速拌炒
就能做出充滿口感的菜餚

冷藏保存 5 日 ｜ 冷凍保存 2 週

材料 方便製作的份量

甜椒（紅）… 1/2 個（70g）
A 味噌、醬油、砂糖
　 … 各 1 小匙
　 水 … 1 大匙

製作方法

1. 甜椒切成 5mm 寬的細條狀。
2. 在平底鍋中放入 ①、混合好的 A，用略小的中火加熱，拌炒約 1 分 30 秒。

⑤ 紅蘿蔔細絲

起司的鹹味更烘托出
紅蘿蔔的清甜。蓋上鍋蓋烹煮，
可以更迅速受熱

冷藏保存 3 日 ｜ 冷凍保存 2 週

材料 4 個

紅蘿蔔 … 1/2 根（75g）
A 太白粉 … 1 大匙
　 鹽、胡椒 … 各少許
披薩用起司 … 20g
沙拉油 … 2 小匙

製作方法

1. 紅蘿蔔切成細絲。
2. 在塑膠袋內放入 ①、A 均勻混拌沾裹。
3. 在平底鍋中倒入沙拉油，用略小的中火加熱，將 ② 的 1/4 份量排放至鍋中，攤整成橢圓形，擺放 1/4 份量的起司，蓋上鍋蓋，二面各煎約 1 分 30 秒。

⑥ 中式番茄煮長蔥

利用長蔥的甜味和番茄的酸味
簡單的燉煮。長蔥切得略大，
使煮汁能確實滲入

冷藏保存 5 日 ｜ 冷凍保存 2 週

材料 方便製作的份量　　微波烹調

長蔥 … 1 根（100g）
A 番茄泥 … 2 大匙
　 顆粒雞高湯粉 … 各 1/3 小匙
　 胡椒 … 少許

製作方法

1. 長蔥切成 3cm 的長段。
2. 在耐熱容器內混合 A，放入 ①，鬆鬆的覆蓋上保鮮膜。以微波爐（600W）加熱約 1 分 30 秒，混拌。

⑦ 茄汁拌炒 紅蘿蔔與臘腸

濃郁的奶油番茄醬汁很受小朋友青睞！
紅蘿蔔用刨刀刨削出薄長條，
做出像義大利麵的感覺

冷藏保存 5 日 ｜ 冷凍保存 2 週

材料 方便製作的份量

紅蘿蔔 …1/2 根（75g）
臘腸 …1 根（20g）
番茄醬 …2 大匙
奶油 …5g

製作方法

1 紅蘿蔔用刨刀刨削成薄長條。臘腸斜切成 5mm 厚的片狀。
2 在平底鍋中放入奶油，用略小的中火加熱，放入 1 拌炒約 2 分鐘。加入番茄醬再拌炒約 30 秒。

⑧ 酸甜梅味山藥

使用紅紫蘇香鬆和軟管狀梅子醬，
呈現出優雅的櫻花色。新清爽口的酸甜
醋漬，很適合作為轉換口味的菜色

冷藏保存 5 日 ｜ 冷凍保存 2 週

材料 方便製作的份量　 微波烹調

山藥 …1/2 根（120g）
A 紅紫蘇香鬆 …1/2 小匙
梅子醬（市售軟管狀）
　…2cm
砂糖、醋 …各 2 大匙

製作方法

1 山藥切成扇形薄片。
2 在耐熱容器內放入 A，不覆蓋上保鮮膜地以微波爐（600W）加熱約 20 秒。
3 將 1、2 放入塑膠袋內充分揉和。

⑨ 章魚維也納腸

撒上羅勒，就是道時髦的西式菜色。
巧妙地運用羅勒的香氣和維也納腸
的風味，只用一點鹽調味即可

冷藏保存 5 日 ｜ 冷凍保存 2 週

材料 4 根

紅色維也納腸 …4 根（32g）
A 鹽 …少許
乾燥羅勒 …1/2 小匙
橄欖油 …1 小匙

製作方法

1 在維也納腸上劃切十字切紋至一半的長度。
2 在平底鍋中倒入橄欖油，用略小的中火加熱，放入 1 邊翻炒邊煎約 1 分鐘。加入 A 使其迅速沾裹。

⑩ 中式蘿蔔蒸 櫻花蝦

櫻花蝦的高湯滲透至蘿蔔當中，鬆軟
美味。突顯風味的櫻花蝦是漂亮的紅色，
可以讓便當有滿滿華麗感的視覺衝擊

冷藏保存 3 日 ｜ 冷凍保存 2 週

材料 方便製作的份量　 微波烹調

蘿蔔 …4cm（180g）
櫻花蝦 …1 大匙
A 酒 …2 大匙
熟白芝麻、芝麻油
　…各 1 小匙
顆粒雞高湯粉 …1/2 小匙

製作方法

1 蘿蔔切成 1cm 的短薄片。
2 在耐熱容器內混合 A，放入 1、櫻花蝦，鬆鬆的覆蓋上保鮮膜。以微波爐（600W）加熱約 3 分鐘，混拌。

⑪ 韓式涼拌紅甜椒

添加韓式辣醬的美味辛辣醬汁，
存在感十足的配菜。瞬間可完成
是忙碌清晨的救世主！

冷藏保存 5 日 ｜ 冷凍保存 2 週

材料 方便製作的份量　 微波烹調

甜椒（紅）…1/2 個（70g）
A 韓式辣醬、芝麻油
　…各 1 小匙
顆粒雞高湯粉、熟白芝麻
　…各 1/3 大匙

製作方法

1 甜椒切成 5mm 的細條狀。
2 在耐熱容器內混合 A，放入 1。鬆鬆的覆蓋上保鮮膜。以微波爐（600W）加熱約 1 分鐘，混拌。

⑫ 紅蘿蔔銀魚 海鮮煎餅

想要增加便當份量時最適合的
菜單。蔬菜、蛋白質都能一起攝取
是最棒的事！

冷藏保存 3 日 ｜ 冷凍保存 2 週

材料 直徑 17cm 大小 1 片

紅蘿蔔 …1/2 根（75g）
魩仔魚 …2 大匙（20g）
A 水 …3 大匙
低筋麵粉、太白粉 …各 1 大匙
顆粒雞高湯粉 …1/4 小匙
芝麻油 …2 大匙

製作方法

1 紅蘿蔔切成細條狀。
2 在缽盆中放入 1、魩仔魚、A，混拌至粉類消失。
3 平底鍋中倒入芝麻油，用略小的中火加熱，放入 2 整型成直徑約 17cm 大的圓餅狀。蓋上鍋蓋，二面各煎約 1 分 30 秒。

⑬ 日式蒜油風味（Ajillo）紅蘿蔔竹輪塊

人氣西班牙料理變化搭配成
便當菜。紅蘿蔔切成方塊，
與竹輪的口感相互搭配

冷藏保存 **3** 日 ｜ 冷凍保存 **2** 週

材料 方便製作的份量

紅蘿蔔 … 1/2（75g）
竹輪 … 1根（25g）
蒜泥（市售軟管狀）… 2cm
橄欖油 … 2大匙

製作方法

1 紅蘿蔔切成1cm的方塊。
 竹輪切成5mm厚圈狀。
2 在平底鍋中倒入橄欖油，
 放入❶的紅蘿蔔，用略小的
 中火加熱，拌炒約3分鐘，
 熄火。
3 加入❶的竹輪、蒜泥，邊混
 拌邊用餘溫使其受熱。

⑭ Chorizo風味 紅色維也納腸

用紅辣椒添加辣味，簡單就能做出
Chorizo風味。是想要變化便當口味時，
非常方便的菜色

冷藏保存 **5** 日 ｜ 冷凍保存 **2** 週

材料 7根

紅色維也納腸 … 7根（56g）
A 番茄醬 … 2大匙
 辣椒粉 … 1/4小匙
沙拉油 … 1小匙

製作方法

1 在維也納腸上各別劃入3道
 切紋。
2 在平底鍋中倒入沙拉油，
 用略小的中火加熱，放入❶
 邊翻炒邊煎約1分鐘，加入
 A迅速使其沾裹。

⑮ BBQ風味大蔥

用平常的調味料就能做出
BBQ風味。建議搭配
清爽的便當主菜

冷藏保存 **5** 日 ｜ 冷凍保存 **2** 週

材料 方便製作的份量   *微波烹調*

長蔥 … 1根（100g）
A 番茄醬、水 … 各1/2大匙
 味醂、醬油 … 各1/4大匙
 蒜泥（市售軟管狀）… 1cm

製作方法

1 長蔥切成3cm的長段。
2 在耐熱容器內混合A，放入
 ❶，鬆鬆的覆蓋上保鮮膜。
 以微波爐（600W）加熱約1
 分30秒，混拌。

⑯ 麻婆炒甜椒

使用烤肉醬可以減少調味，
簡單就能完成。是很受男性
喜愛的辛辣中式風味

冷藏保存 **5** 日 ｜ 冷凍保存 **2** 週

材料 方便製作的份量

甜椒（紅）… 1/2個（70g）
A 烤肉醬（市售）… 2大匙
 薑泥（市售軟管狀）… 1cm
 辣油 … 少許

製作方法

1 甜椒切成2cm大小。
2 在平底鍋中放入❶、A，用
 略小的中火加熱，拌炒約1
 分30秒。

⑰ 紅蘿蔔與鮪魚的 芝麻涼拌

僅在食材中拌入市售沙拉醬加熱，
就是一道很棒的佳餚！紅蘿蔔
也可用刨削器刨削成薄片

冷藏保存 **4** 日 ｜ 冷凍保存 **2** 週

材料 方便製作的份量   *微波烹調*

紅蘿蔔 … 1/2根（75g）
鮪魚罐頭（油漬）… 1罐（70g）
芝麻醬（市售）… 1大匙

製作方法

1 紅蘿蔔刨削成圓形薄片。
2 在耐熱容器內放入❶、鮪魚
 罐頭（連同油脂）、芝麻醬，
 粗略混拌，鬆鬆的覆蓋上
 保鮮膜。以微波爐（600W）
 加熱約2分鐘，混拌。

⑱ 生火腿起司卷

生火腿和起司再加一點功夫，就能變身
時尚繽紛的菜餚。使用糖果型包裝的
起司塊還能省下分切的麻煩

冷藏保存 **3** 日 ｜ 冷凍保存 **2** 週

材料 4個

生火腿 … 4片
糖果型包裝起司塊 … 4個
義式沙拉醬（市售）… 2大匙
橄欖油 … 1小匙

製作方法

1 每片生火腿包裹一個起司。
2 在平底鍋中倒入橄欖油，
 用略小的中火加熱，排放
 ❶，邊翻炒邊煎約1分鐘。
 加入沙拉醬使其快速沾裹。

① 紫薯佐蜂蜜芥末醬

紫薯搭配酸甜醬汁，就能變身成
時尚風的日常沙拉。為能活用外皮
顏色地帶皮烹調

冷藏保存 5 日 ｜ 冷凍保存 2 週

材料 方便製作的份量　微波烹調

番薯 … 1/2 根（100g）
A 蜂蜜、水 … 各 1 大匙
　 芥末籽醬 … 1 小匙
　 鹽 … 少許

製作方法

1 番薯帶皮切成 2cm 大小。
2 在耐熱容器內混合 A 放入
　 ①，鬆鬆的覆蓋上保鮮膜。
　 以微波爐（600W）加熱約 3
　 分鐘。

② 鹽揉紫茄的芝麻醋涼拌

是道酸味十足的爽口菜餚。不需
加熱立即可以完成，希望能多裝
一點在便當內的菜色

冷藏保存 5 日 ｜ 冷凍保存 2 週

材料 方便製作的份量

茄子 … 1 根（80g）
鹽 … 1/4 小匙
A 醋、芝麻油 … 各 2 小匙
　 砂糖、熟白芝麻 … 各 1 小匙

製作方法

1 茄子切成 8mm 厚的圓片。
2 塑膠袋內放入 ①、鹽，充分
　 揉和，靜置約 1 分鐘後擰乾
　 水份。
3 加入 A 使其入味。

③ 紫甘藍的高湯油醋

能在便當中艷色奪冠的多彩菜餚。
利用柴魚和風醬油提升美味，
壽司醋的酸甜更好入口

冷藏保存 5 日 ｜ 冷凍保存 2 週

材料 方便製作的份量

紫甘藍 … 1/4 個（150g）
鹽 … 1/4 小匙
A 壽司醋（市售）… 1 大匙
　 柴魚和風醬油（2 倍濃縮）、
　　 沙拉油 … 各 1 小匙

製作方法

1 紫甘藍切成細絲。
2 塑膠袋內放入 ①、鹽，充分
　 揉和，靜置約 1 分鐘後擰乾
　 水份。
3 加入 A 使其入味。

④ 義式醃漬炸香茄

沾裹了橄欖油完成炸香茄般的風味。
只是拌入了義式沙拉醬，就能完成
濃郁美味的醃漬菜餚

冷藏保存 5 日 ｜ 冷凍保存 2 週

材料 方便製作的份量　微波烹調

茄子 … 1 根（80g）
義式沙拉醬（市售）… 2 大匙
橄欖油 … 1 大匙

製作方法

1 茄子切成 1cm 厚圓片。
2 在耐熱容器內放入 ①、橄欖
　 油，拌勻全體後，鬆鬆的
　 覆蓋上保鮮膜。以微波爐
　（600W）加熱約 2 分鐘，加
　 入沙拉醬混拌。

⑤ 蠔油涼拌茄子

微波烹調，完成的茄子柔軟多汁。
加熱時添加少許沙拉油，
可以使完成時的色澤更美

冷藏保存 5 日 ｜ 冷凍保存 2 週

材料 方便製作的份量　微波烹調

茄子 … 1 根（80g）
A 酒 … 1 大匙
　 沙拉油 … 1/2 大匙
蠔油 … 2 小匙

製作方法

1 茄子切成 3cm 大的滾刀塊。
2 耐熱容器內放入 ①、A，拌勻
　 全體後，鬆鬆的覆蓋上保鮮
　 膜。以微波爐（600W）加熱
　 約 2 分鐘，加入蠔油混拌。

⑥ 紫番薯與核桃煮蜂蜜檸檬

清新爽口的檸檬，和香甜的蜂蜜
調味連小朋友都愛的一道菜。
核桃能增加口感及香氣

冷藏保存 5 日 ｜ 冷凍保存 2 週

材料 方便製作的份量　微波烹調

番薯 … 1/2 根（100g）
核桃（烘烤過的）… 10g
A 蜂蜜 … 2 大匙
　 檸檬汁 … 1/2 小匙
　 鹽 … 少許

製作方法

1 番薯帶皮切成 5mm 厚的半
　 月片狀。
2 在耐熱容器內放入 ①、A、
　 2 大匙水，拌勻全體後，鬆
　 鬆的覆蓋上保鮮膜。以微波
　 爐（600W）加熱約 3 分鐘，
　 加入核桃混拌。

⑦ 紫洋蔥與罐頭鯖魚沙拉

搭配上紫洋蔥，單調鯖魚罐頭，就變身成時尚風日常沙拉。洋蔥切成略厚的5mm，更加突顯顏色和風味

冷藏保存 **3** 日　冷凍保存 **2** 週

材料　方便製作的份量

紫洋蔥（紅洋蔥）
　…1/2個（100g）
鯖魚罐頭（水煮）
　…1罐（190g）
A 醋…1大匙
　橄欖油…1小匙
　鹽、胡椒…各1/4小匙

製作方法

1　紫洋蔥切成厚度5mm的薄片。鯖魚罐頭取出中央魚骨，瀝去湯汁。
2　在缽盆中混合A、加入1混拌。

⑧ 濃郁的金平紫番薯

很容易變成茶色的炒金平，若是用番薯，就能成為色彩鮮艷的菜餚了。鬆軟香甜的優雅滋味

冷藏保存 **5** 日　冷凍保存 **2** 週

材料　方便製作的份量　（微波烹調）

番薯…1/2根（100g）
A 柴魚和風醬油（2倍濃縮）
　　…1大匙
　砂糖、芝麻油、熟白芝麻
　　…各1/2小匙

製作方法

1　番薯帶皮切成5cm長的細條狀。
2　在耐熱容器內放入1、A，拌勻全體後，鬆鬆的覆蓋上保鮮膜。以微波爐（600W）加熱約3分鐘，混拌。

⑨ 咖哩涼拌紫甘藍與火腿（Coleslaw）

不使用美乃滋，更爽口的沙拉。擰乾水份後涼拌，咖哩粉的香氣和風味令人印象深刻

冷藏保存 **5** 日　冷凍保存 **2** 週

材料　方便製作的份量

紫甘藍…1/4個（150g）
里脊火腿片…2片（16g）
鹽…1/4小匙
A 檸檬汁…2大匙
　砂糖…1/2小匙
　咖哩粉…少許

製作方法

1　紫甘藍和火腿切成2cm大小。
2　塑膠袋內放入1的紫甘藍、鹽充分揉和，靜置約1分鐘後擰乾水份。
3　加入1的火腿、A充分混拌。

⑩ 南蠻風味香茄

微波加熱時只需少許調味料就能均勻入味。請瀝去湯汁後再裝入便當盒內

冷藏保存 **5** 日　冷凍保存 **2** 週

材料　方便製作的份量　（微波烹調）

茄子…1根（80g）
A 砂糖、醋、醬油…各1/2大匙
　薑（市售軟管狀）…1cm
　紅辣椒（切成辣椒圈）
　　…1/4根
芝麻油…1大匙

製作方法

1　茄子切成3cm長的長條狀。
2　在耐熱容器內放入1、芝麻油，拌勻全體後，鬆鬆的覆蓋上保鮮膜。以微波爐（600W）加熱約2分鐘，加入A混拌。

⑪ 辛辣薑漬茄子

添加柑橘醋醬油可以緩和茄子青澀味，變成易於食用的淺漬蔬菜

冷藏保存 **5** 日　冷凍保存 **2** 週

材料　方便製作的份量

茄子…1根（80g）
鹽…1/4小匙
A 柑橘醋醬油、砂糖
　　…各2小匙
　薑泥、黃芥末泥（市售軟管）
　　…各1cm

製作方法

1　茄子切成5mm的半月狀。
2　塑膠袋內放入1、鹽，充分揉和，靜置約1分鐘後擰乾水份。
3　加入A使其入味。

⑫ 高湯醬油奶油蒸紫薯

用少許調味料，就能完成鬆軟香甜的成品。藉由奶油的作用，即使放置後也不會乾硬，一直保持潤澤口感

冷藏保存 **5** 日　冷凍保存 **2** 週

材料　方便製作的份量　

番薯…1/2根（100g）
A 醬油、水…各1小匙
　顆粒日式高湯粉…少許
奶油…5g

製作方法

1　番薯帶皮切成2cm大小。
2　在耐熱容器內混合A，放入1，鬆鬆的覆蓋上保鮮膜。以微波爐（600W）加熱約3分鐘，加入奶油混拌。

用5分鐘完成的 多彩菜色　　　　綠 菜餚

☐ RED　　✓ GREEN　　☐ BLACK&BROWN
☐ PURPLE　☐ YELLOW　☐ WHITE

黑芝麻
涼拌四季豆

是我家最常製作的招牌菜。綠色和
黑色的對比十分漂亮，在便當中
也能烘托出色彩

冷藏保存 **5** 日　冷凍保存 **2** 週

材 料　方便製作的份量　

四季豆 … 10 根（80g）
A 芝麻油 … 1 大匙
　熟黑芝麻 … 1 小匙
　顆粒日式高湯粉 … 1/2 小匙

製作方法

1. 切去四季豆兩端，再分切
　成 4 等份。
2. 在耐熱容器內放入1，鬆鬆
　的覆蓋上保鮮膜。以微波
　爐（600W）加熱 約 50 秒，
　加入 A 混拌。

令人上癮的
小黃瓜

開始吃就停不下筷子的人氣配菜。
小黃瓜與其用刀子切，不如用
擀麵棍拍碎較容易入味

冷藏保存 **5** 日　冷凍保存 **2** 週

材 料　方便製作的份量

小黃瓜 … 1 根（100g）
A 顆粒雞高湯粉 … 1/3 小匙
　薑泥（市售軟管狀）… 各1cm
紅辣椒絲（若是有）… 適量

製作方法

1. 小黃瓜切去瓜蒂，放入塑
　膠袋內，用擀麵棍輕輕敲
　打，再用手撕開成方便食
　用的大小。
2. 加入 A 和紅辣椒絲，充分
　揉和。

中式蒸
綠花椰與鮪魚

存在感很強的綠花椰，色彩搭配的
最佳選擇。使用鮪魚罐頭就能簡單
完成豐富且份量十足的成品

冷藏保存 **5** 日　冷凍保存 **2** 週

材 料　方便製作的份量　微波烹調

綠花椰 … 1/2 根（100g）
鮪魚（油漬）… 1 罐（70g）
A 酒、芝麻油 … 各 1/2 大匙
　鹽 … 少許

製作方法

1. 綠花椰分成小朵。
2. 在耐熱容器內放入1、鮪魚
　罐頭（連同油脂）、A，混
　合，鬆鬆的覆蓋上保鮮膜。
　以微波爐（600W）加熱約 1
　分 30 秒。

醬香蘆筍

大蒜和薑泥，風味紮實的一道菜。
瀝乾湯汁，放入盛菜用小紙杯中
再放入進便當盒

冷藏保存 **5** 日　冷凍保存 **2** 週

材 料　方便製作的份量

綠蘆筍 … 4 根（100g）
A 砂糖、醬油 … 各 1 大匙
　芝麻油 … 1/2 大匙
　大蒜（切碎）… 2 小匙
　薑泥（市售軟管狀）… 2cm

製作方法

1. 蘆筍切去底部老硬部分，
　斜向切成 4 等份。
2. 在平底鍋中放入 A、1，用
　略小的中火加熱，拌炒約
　1 分 30 秒。

鰹魚奶油
醬油拌菠菜

簡單的涼拌燙青菜，再多點別出
心裁的創意。雖然清淡，但隱約中
飄散的奶油風味，讓滋味餘韻十足

冷藏保存 **3** 日　冷凍保存 **2** 週

材 料　方便製作的份量　

菠菜 … 1/4 把（50g）
A 醬油 … 1 小匙
　奶油 … 5g
　柴魚片 … 1 包（2g）

製作方法

1. 菠菜切成 3cm 的長度。
2. 在耐熱容器內放入1，鬆鬆
　的覆蓋上保鮮膜。以微波
　爐（600W）加熱約 1 分鐘，
　加入 A 混拌。

油炸秋葵
（Fritter）

用美乃滋取代雞蛋放入麵衣中。
美乃滋的油脂，使得這道菜能用
少許油就酥脆地完成

冷藏保存 **3** 日　冷凍保存 **2** 週

材 料　4 根

秋葵 … 4 根（48g）
A 澱粉、水 … 各 2 大匙
　美乃滋 … 1 小匙
沙拉油 … 4 大匙

製作方法

1. 在缽盆中放入 A 混合均勻，
　將秋葵加入沾裹。
2. 在平底鍋中放入沙拉油，
　用略小的中火加熱，排放
　1，邊翻轉邊油炸約 2 分鐘。

⑦

綠花椰拌花生

花生的香氣與爽脆口感，是便當中的亮點。只用柴魚和風醬油就很OK

冷藏保存 4 日 | 冷凍保存 2 週

材料 方便製作的份量　微波烹調

綠花椰 …1/2個（100g）
花生（粗粒）…2小匙
柴魚和風醬油（2倍濃縮）
…1大匙

製作方法

1 綠花椰分切成小朵。
2 在耐熱容器內放入1，加入柴魚和風醬油混拌，鬆鬆的覆蓋上保鮮膜。以微波爐（600W）加熱約1分30秒。
3 加入花生混拌。

⑧

蛋煎高湯櫛瓜（Piccata）

櫛瓜不會釋出多餘的水份，是方便填裝便當的萬用食材。沾裹上雞蛋就能做出Piccata

冷藏保存 3 日 | 冷凍保存 2 週

材料 6片

櫛瓜 …1/3根（100g）
A 雞蛋 …1/2個
顆粒西式高湯粉 …1/4小匙
低筋麵粉、沙拉油 … 各1大匙

製作方法

1 櫛瓜切成 5mm厚的圓片，撒上低筋麵粉。
2 在缽盆中混拌 A，放入1，沾裹。
3 在平底鍋中倒入沙拉油，用略小的中火加熱，排放2，兩面各煎約1分鐘。

⑨

蒜香胡椒櫛瓜

拌炒櫛瓜，僅拌炒大蒜和鹽、胡椒，就是絕佳好味道了。胡椒的辣味後韻十足

冷藏保存 3 日 | 冷凍保存 2 週

材料 方便製作的份量

櫛瓜 …1/3根（100g）
A 蒜泥（市售軟管）…1cm
鹽、粗粒黑胡椒 … 各少許
橄欖油 …2小匙

製作方法

1 櫛瓜切成2cm的滾刀塊。
2 在平底鍋中倒入橄欖油，用略小的中火加熱，加入1，拌炒約2分鐘。加入 A 迅速拌炒。

⑩

梅香糯米椒

不用擔心水份，容易填入便當盒間隙的菜色。梅子泥容易燒焦，因此加入後必須迅速煮熟

冷藏保存 3 日 | 冷凍保存 2 週

材料 方便製作的份量

糯米椒 …6根（36g）
A 醬油 … 少許
梅子泥（市售軟管）…1cm
熟白芝麻 …1/2小匙
沙拉油 …1小匙

製作方法

1 每個糯米椒用牙籤刺出幾個孔洞。
2 在平底鍋中倒入沙拉油，用略小的中火加熱，放入1，拌炒約30秒。加入 A，再迅速拌炒。

⑪

秋葵和魩仔魚的芝麻醋拌

黏呼呼的秋葵，用芝麻醋醬一起加熱會更爽口。加入魩仔魚讓美味升級

冷藏保存 3 日 | 冷凍保存 2 週

材料 方便製作的份量　微波烹調

秋葵 …4根（48g）
魩仔魚 …15g
A 砂糖、醋、熟白芝麻
…各2小匙
芝麻油 …1小匙

製作方法

1 秋葵切成小圓片狀。
1 在耐熱容器內放入1、魩仔魚、1小匙水，鬆鬆的覆蓋上保鮮膜。以微波爐（600W）加熱約1分鐘，加入A，混拌。

⑫

小松菜拌炒鹽昆布

拌炒小松菜中增加了鹽昆布，增添了美味和鹹味。無論是口味重或清爽類的主菜都很適合

冷藏保存 3 日 | 冷凍保存 2 週

材料 方便製作的份量

小松菜 …1/4把（50g）
鹽昆布 …1g
芝麻油 …1/2大匙

製作方法

1 小松菜切成3cm長。
2 在平底鍋中倒入芝麻油，用略小的中火加熱，放入1拌炒約1分30秒。加入鹽昆布，迅速拌炒。

(13) 芝麻美乃滋涼拌小松菜

芝麻醬與美乃滋的組合，濃郁香醇。因醬汁稠濃，不太會滲出湯汁很適合放進便當

冷藏保存 3 日 ｜ 冷凍保存 2 週

材料 方便製作的份量

小松菜 … 1/4 把（50g）
A 芝麻醬（市售）… 1 大匙
└ 美乃滋 … 1/2 大匙

微波烹調

製作方法

1 小松菜全體用保鮮膜鬆鬆地包覆，以微波爐（600W）加熱約 1 分鐘。
2 迅速沖浸冰水，切成 3cm 長，擰乾水份。
3 在缽盆中混拌 A，放入 2 拌勻。

(14) 醬汁拌秋葵

微波加熱瞬間就能完成。雞高湯和鹽調味的醬汁也不會影響秋葵的鮮艷色彩

冷藏保存 3 日 ｜ 冷凍保存 2 週

材料 4 根

秋葵 … 4 根（48g）
A 顆粒雞高湯粉 … 1/4 小匙
│ 鹽、薑泥（市售軟管狀）
└ … 各少許

微波烹調

製作方法

1 在耐熱容器內放入秋葵、1 小匙水，鬆鬆的覆蓋上保鮮膜。以微波爐（600W）加熱約 1 分鐘，加入 A 混拌

(15) 醋味噌拌蘆筍

很能搭配重口味菜色的清爽風味。溫和的酸味易入口，最適合在用餐間轉換口味時食用

冷藏保存 5 日 ｜ 冷凍保存 2 週

材料 方便製作的份量

綠蘆筍 … 4 根（100g）
A 味噌、醋 … 各 1 小匙
└ 砂糖 … 2 小匙

微波烹調

製作方法

1 蘆筍切去底部老硬部分，斜切成薄片。混合 A。
2 在耐熱容器內放入 1 的蘆筍，鬆鬆的覆蓋上保鮮膜。以微波爐（600W）加熱約 40 秒，加入 1 的 A 混拌。

(16) 辣炒四季豆

可以刺激食慾的辛辣口味。迅速拌炒至豆瓣醬散發香氣後，加入四季豆讓辣味呈現

冷藏保存 5 日 ｜ 冷凍保存 2 週

材料 方便製作的份量

四季豆 … 10 根（80g）
A 芝麻油 … 1 大匙
└ 豆瓣醬 … 1/4 小匙
顆粒雞高湯粉 … 1/2 小匙

製作方法

1 四季豆切去頭尾後，分切成 4 等份。
2 在平底鍋中放入 A，用略小的中火加熱，加入 1 拌炒約 30 秒。
3 熄火，加入雞高湯粉混拌。

(17) 蔥香辣油綠花椰

微波加熱能呈現鮮艷的綠色。使用白色高湯，簡單地調味辣油可視喜好調整即 OK

冷藏保存 5 日 ｜ 冷凍保存 2 週

材料 方便製作的份量

綠花椰 … 1/2 個（100g）
青蔥 … 1 根
A 日式白高湯、辣油
└ … 各 1 小匙

微波烹調

製作方法

1 綠花椰分切成小朵。青蔥切成圈狀蔥花。
2 在耐熱容器內放入 1、A，鬆鬆的覆蓋上保鮮膜。以微波爐（600W）加熱約 1 分 30 秒。

(18) 柚子胡椒風味的糯米椒

辛辣感就是重點。柚子胡椒一旦冷凍後香氣會消失，因此在填裝時可依照喜好補足

冷藏保存 3 日 ｜ 冷凍保存 2 週

材料 方便製作的份量

糯米椒 … 6 根（36g）
A 日式白高湯 … 1/2 大匙
│ 味醂 … 1/2 小匙
│ 柚子胡椒（市售軟管狀）
└ … 1cm

微波烹調

製作方法

1 糯米椒用牙籤刺出孔洞。
2 在耐熱容器內放入 1、A、2 大匙水混拌，鬆鬆的覆蓋上保鮮膜。以微波爐（600W）加熱約 50 秒。

用5分鐘完成的多彩菜色　　　黃　菜餚

① 烘煎玉米粒

混拌了太白粉呈現出軟糯Q彈口感。表面烘煎至略有焦色，更香也更美味

冷藏保存 3 日 ｜ 冷凍保存 2 週

材料 5片

玉米罐頭 … 1/2罐（100g）
A 太白粉、水 … 各2大匙
└ 鹽、芝麻油 … 各少許
沙拉油 … 1/2大匙

製作方法

1 在缽盆中放入A混合拌勻，加入玉米罐頭（瀝乾水份）混拌。
2 在平底鍋中倒入沙拉油，用略小的中火加熱，加入①的1/5份量，整成圓餅狀，兩面各烘煎約1分30秒。

② 蜂蜜醬油南瓜

用蜂蜜和醬油調味，是小朋友們也會喜歡的香甜菜色。對於不愛蔬菜的孩子們，好像可以當作點心享用

冷藏保存 5 日 ｜ 冷凍保存 2 週

材料 方便製作的份量 微波烹調

南瓜 … 1/8個（150g）
A 蜂蜜、醬油、水 … 各2大匙

製作方法

1 南瓜帶皮切成厚5mm的薄片。
2 在耐熱容器內放入①、A，鬆鬆的覆蓋上保鮮膜。以微波爐（600W）加熱約3分鐘。

③ 速成燉南瓜

用微波加熱來燉煮南瓜，可以更迅速完成。切成小塊可以縮短加熱時間，也更能入味

冷藏保存 5 日 ｜ 冷凍保存 2 週

材料 方便製作的份量 微波烹調

南瓜 … 1/8個（150g）
A 柴魚和風醬油（2倍濃縮）、水 … 各1大匙
└ 砂糖 … 1小匙

製作方法

1 南瓜帶皮切成2cm大小。
2 在耐熱容器內放入①、A，鬆鬆的覆蓋上保鮮膜。以微波爐（600W）加熱約3分30秒。

④ 芥末美乃滋 玉米培根

芥末籽醬的酸味，讓甜甜的玉米變身成大人們喜歡的成熟風味。培根用火腿來取代也很好吃

冷藏保存 5 日 ｜ 冷凍保存 2 週

材料 方便製作的份量 微波烹調

玉米罐頭 … 1/2罐（100g）
培根 … 2片（18g）
A 美乃滋 … 1/2大匙
└ 芥末籽醬 … 1小匙

製作方法

1 培根切成1cm大小。
2 在耐熱容器內放入玉米罐頭（瀝去湯汁）①、A混拌，鬆鬆的覆蓋上保鮮膜。以微波爐（600W）加熱約1分30秒。

⑤ 南瓜與奶油起司的 高湯醬油沙拉

利用西式高湯粉和醬油調味，相較於使用胡椒鹽或美乃滋的方法，味道更深層，令人上癮

冷藏保存 3 日 ｜ 冷凍保存 2 週

材料 方便製作的份量 微波烹調

南瓜 … 1/8個（150g）
奶油起司 … 50g
A 顆粒西式高湯粉、醬油 … 各1/4小匙

製作方法

1 南瓜切成2cm大小。奶油起司切成1cm塊狀。
2 在耐熱容器內放入①的南瓜、A混拌，鬆鬆的覆蓋上保鮮膜。以微波爐（600W）加熱約3分30秒。
3 搗散②，加入①的奶油起司，大動作混拌。

⑥ 奶油鹽炒玉米

很受到小朋友喜愛的玉米，簡單的烹調就能更加突顯其中的美味。先放入盛菜用小紙杯中，再放入便當盒

冷藏保存 5 日 ｜ 冷凍保存 2 週

材料 方便製作的份量

玉米罐頭 … 1/2罐（100g）
鹽 … 少許
奶油 … 5g

製作方法

1 在平底鍋中放入奶油，用略小的中火加熱，加入玉米罐頭（瀝去湯汁），拌炒約2分鐘。撒上鹽混拌。

⑦ 玉米沙拉

僅混拌了自製的醬汁
不需加熱就能完成，
時間匆促時最棒的經典菜色

| 冷藏保存 **4** 日 | 冷凍保存 **2** 週 |

材料 方便製作的份量

玉米罐頭 … 1/2 罐（100g）
A 橄欖油 … 2 小匙
醋 … 1 小匙
鹽、胡椒 … 少許
巴西利（切碎、如果有）
… 適量

製作方法

1 在缽盆中放入玉米罐頭（瀝去湯汁）、A，混拌。若有可以撒上巴西利。

---

⑧ 德式風味南瓜

德式洋芋改以南瓜來製作，
起司和西式高湯的鹹味，
更烘托出南瓜的香甜

| 冷藏保存 **3** 日 | 冷凍保存 **2** 週 |

材料 方便製作的份量　　微波烹調

南瓜 … 1/8 個（150g）
A 粗粒黑胡椒、顆粒西式高湯粉、沙拉油 … 各 1/2 小匙
起司粉 … 1 小匙

製作方法

1 南瓜帶皮切成厚 5mm 的薄片。

2 在耐熱容器內放入1、1 大匙水，鬆鬆的覆蓋上保鮮膜。以微波爐（600W）加熱約 3 分鐘，加入 A 混拌。

---

⑨ 咖哩洋蔥玉米

常見的玉米菜式中，利用咖哩粉
來變化風味。可以放在米飯上，
或與米飯混拌享用

| 冷藏保存 **5** 日 | 冷凍保存 **2** 週 |

材料 方便製作的份量　　微波烹調

玉米罐頭 … 1/2 罐（100g）
洋蔥 … 1/4 個（50g）
A 咖哩粉、橄欖油 … 各 1 小匙
顆粒西式高湯粉 … 1/4 小匙

製作方法

1 洋蔥切成薄片。

2 在耐熱容器內放入玉米罐頭（瀝去湯汁）、1、A 混拌，鬆鬆的覆蓋上保鮮膜。以微波爐（600W）加熱約 1 分 30 秒。

---

⑩ 南瓜與杏仁的凱撒沙拉

市售沙拉醬加上杏仁片
就是時尚感十足的菜式。
杏仁果與南瓜對比的口感也很棒

| 冷藏保存 **3** 日 | 冷凍保存 **2** 週 |

材料 方便製作的份量　　微波烹調

南瓜 … 1/8 個（150g）
A 杏仁片（烘烤過的）
… 10g
凱撒沙拉醬（市售）
… 2 大匙
橄欖油 … 1 小匙

製作方法

1 南瓜帶皮切成厚 5mm 的薄片。

2 在耐熱容器內放入1、橄欖油、1 大匙水，鬆鬆的覆蓋上保鮮膜。以微波爐（600W）加熱約 3 分鐘，加入 A 混拌。

---

⑪ 玉米的中式丸子

僅用玉米和魚糕製作的香甜美味丸子。
即使冷卻也仍是鬆綿的口感，製作常備
也能長時間維持美味！

| 冷藏保存 **5** 日 | 冷凍保存 **2** 週 |

材料 方便製作的份量

玉米罐頭 … 1/2 罐（100g）
魚糕（鱈寶）… 1 片（100g）
A 太白粉、水 … 各 1 小匙
沙拉油 … 1 大匙

製作方法

1 將 A、魚糕（鱈寶）放入塑膠袋內，充分揉和搗散。加入玉米罐頭（瀝去湯汁）混拌，分成 6 等份，整形成 3cm 大的圓餅狀。

2 在平底鍋中倒入沙拉油，用略小的中火加熱，排放1，兩面各煎 1 分鐘。

---

⑫ 雞高湯煮南瓜

使用雞高湯粉的中式配菜。
想要不同於平常地變化菜色時，
很推薦這一道

| 冷藏保存 **5** 日 | 冷凍保存 **2** 週 |

材料 方便製作的份量　　微波烹調

南瓜 … 1/8 個（150g）
A 水 … 2 大匙
顆粒雞高湯粉 … 1/2 小匙
鹽、胡椒 … 各少許

製作方法

1 南瓜帶皮切成 2cm 的大小。

2 在耐熱容器內放入1、A，鬆鬆的覆蓋上保鮮膜。以微波爐（600W）加熱約 3 分 30 秒。

馬克杯歐姆蛋的基本作法

1 材料放入耐熱馬克杯中混拌

2 鬆鬆地覆蓋保鮮膜

3 微波加熱完成

用馬克杯製作
烘蛋 & 歐姆蛋
6 種

⑬ 蟹肉馬克杯歐姆蛋

使用蟹肉棒簡單製作的中式菜色。
因與雞高湯粉一起混拌，
因此放涼也一樣好吃

冷藏保存 **2** 日 ｜ 冷凍保存 **2** 週

材料 200ml 耐熱馬克杯 1 個的份量

雞蛋（L型大小）… 1 個
蟹肉風味魚板
　… 2 條（18g）
顆粒雞高湯粉、芝麻油
　… 各 1/4 小匙

製作方法

1. 用手撕開蟹肉棒。
2. 在耐熱馬克杯中放入所有的材料，充分混拌。
3. 鬆鬆的覆蓋上保鮮膜，以微波爐（600W）加熱約 1 分 30 秒。倒扣馬克杯取出。

⑭ 菇菇玉米濃湯馬克杯歐姆蛋

調味只使用市售的高湯粉。
即使材料很少也因玉米的香甜
能做出具獨特美味的歐姆蛋

冷藏保存 **2** 日 ｜ 冷凍保存 **2** 週

材料 200ml 耐熱馬克杯 1 個的份量

微波烹調

雞蛋（L型大小）… 1 個
鴻禧菇 … 10g
玉米湯粉（市售）… 1 包
牛奶 … 2 大匙

製作方法

1. 將鴻禧菇分成小株。
2. 在耐熱馬克杯中放入所有的材料，充分混拌。
3. 鬆鬆的覆蓋上保鮮膜，以微波爐（600W）加熱約 1 分 50 秒。倒扣馬克杯取出。

⑮ 菠菜起司馬克杯歐姆蛋

添加了起司難以成形的歐姆蛋，若是用
馬克杯就能簡單完成。能增加便當的
華麗感，黃與綠色的搭配更是別具魅力

冷藏保存 **2** 日 ｜ 冷凍保存 **2** 週

材料 200ml 耐熱馬克杯 1 個的份量

微波烹調

雞蛋（L型大小）… 1 個
菠菜 … 12g
披薩用起司、牛奶 … 各 1 大匙
顆粒西式高湯粉 … 少許

製作方法

1. 菠菜切成 2cm 長。
2. 在耐熱馬克杯中放入所有的材料，充分混拌。
3. 鬆鬆的覆蓋上保鮮膜，以微波爐（600W）加熱約 1 分 50 秒。倒扣馬克杯取出。

⑯ 明太子馬克杯歐姆蛋

有著明太子鹽味的日式歐姆蛋。
用微波爐製作因此也不用擔心燒焦，
即使是料理初學者也能輕鬆完成！

冷藏保存 **2** 日 ｜ 冷凍保存 **2** 週

材料 200ml 耐熱馬克杯 1 個的份量

雞蛋（L型大小）… 1 個
明太子 … 約 1 大匙（5g）
牛奶 … 2 大匙
醬油 … 少許

製作方法

1. 在耐熱馬克杯中放入所有的材料，充分混拌。
2. 鬆鬆的覆蓋上保鮮膜，以微波爐（600W）加熱約 1 分 30 秒。倒扣馬克杯取出。

⑰ 蔥鹽馬克杯歐姆蛋

與各式菜餚都能輕易搭配，
添加了大量蔥花的鬆軟煎蛋
完美搭配其他菜餚的美妙滋味

冷藏保存 **2** 日 ｜ 冷凍保存 **2** 週

材料 200ml 耐熱馬克杯 1 個的份量

微波烹調

雞蛋（L型大小）… 1 個
長蔥 … 1/4 根（25g）
鹽、胡椒 … 各少許
芝麻油 … 1 小匙

製作方法

1. 長蔥切成圈狀蔥花。
2. 在耐熱馬克杯中放入所有的材料，充分混拌。
3. 鬆鬆的覆蓋上保鮮膜，以微波爐（600W）加熱約 1 分 50 秒。倒扣馬克杯取出。

⑱ 高湯馬克杯歐姆蛋

困難的高湯蛋卷只要使用
馬克杯就不會失敗。
能做出綿軟多汁的成品

冷藏保存 **2** 日 ｜ 冷凍保存 **2** 週

材料 200ml 耐熱馬克杯 1 個的份量

微波烹調

雞蛋（L型大小）… 1 個
日式白高湯 … 1 小匙
砂糖 … 少許
水 … 2 大匙

製作方法

1. 在耐熱馬克杯中放入所有的材料，充分混拌。
2. 鬆鬆的覆蓋上保鮮膜，以微波爐（600W）加熱約 1 分 30 秒。倒扣馬克杯取出。

用 5 分鐘完成的 多彩菜色 ｜ 黑色 & 棕色菜餚

① 韓式海苔捲 涼拌小黃瓜

類似韓國風格的海苔卷Gimbap，有著芝麻香氣的豐富配菜。海苔的黑色具有整合全體的感覺

冷藏保存 **3** 日 ｜ 冷凍保存 **2** 週

材料 方便製作的份量

小黃瓜 … 1條（100g）
顆粒雞高湯粉 … 1/2小匙
烤海苔（3x10cm）… 4片
A 熟白芝麻、芝麻油
　… 各少許
芝麻油 … 1小匙

製作方法

1. 小黃瓜切成5cm長細條狀。
2. 在塑膠袋內放入①、雞高湯粉，充分揉和。放置約2分鐘後擰乾水份，澆淋芝麻油使其沾裹。
3. 用1片烤海苔各別包捲②的1/4份量，澆淋A。

② 御好燒風味 厚油豆腐

厚油豆腐香煎後澆淋調味就是美味饗宴。簡單且份量十足是主角等級的配菜

冷藏保存 **4** 日 ｜ 冷凍保存 **2** 週

材料 8個

厚油豆腐 … 2片（220g）
A 美乃滋、中濃豬排醬、青海
　苔、柴魚片 … 各適量
沙拉油 … 1/2大匙

製作方法

1. 厚油豆腐分切成4等份，成為正方形。
2. 在平底鍋中倒入沙拉油，用略小的中火加熱，將①的厚油豆腐，兩面各煎約2分鐘，至呈焦色。依A的順序擠上。

③ 燉煮甜辣蘿蔔培根

簡單的甜辣燉煮添加培根，使美味更加滲透至蘿蔔中，讓風味有更豐富的層次。蘿蔔切得略薄一點

冷藏保存 **5** 日 ｜ 冷凍保存 **2** 週

材料 方便製作的份量　（微波烹調）

蘿蔔 … 4cm（180g）
培根 … 2片（18g）
A 砂糖、醬油 … 各1大匙

製作方法

1. 蘿蔔切成薄的短片。培根切成1m寬。
2. 在耐熱容器內放入①、A混拌，鬆鬆的覆蓋上保鮮膜，以微波爐（600W）加熱約3分鐘。

④ 馬鈴薯餅

不需油炸就能製作的薯餅。周圍香脆，中間鬆軟的馬鈴薯，應該是最能滿足食慾旺盛孩子們的胃口

冷藏保存 **5** 日 ｜ 冷凍保存 **2** 週

材料 2個

馬鈴薯 … 1個（100g）
A 太白粉 … 1/2大匙
　水 … 1小匙
B 鹽、青海苔 … 各少許
沙拉油 … 1大匙

製作方法

1. 馬鈴薯切細條狀，沾裹上A。
2. 在平底鍋中倒入沙拉油，用略小的中火加熱，各別並排倒入①的半量整形，兩面各烘煎約1分30秒。撒上B。

⑤ 香菇排

蒜香伍斯特醬風味，口感滋味突出！添加了提味的蜂蜜，形成濃厚柔和的甜味

冷藏保存 **5** 日 ｜ 冷凍保存 **2** 週

材料 4個

香菇 … 4朵（100g）
A 伍斯特醬 … 1大匙
　蜂蜜 … 1/2大匙
　蒜泥（市售軟管狀）… 2cm
沙拉油 … 1/2大匙

製作方法

1. 香菇切去菇蒂，在菇帽處劃出十字花紋。
2. 在平底鍋中倒入沙拉油，用略小的中火加熱，排放①，兩面各煎約1分30秒。加入A迅速拌炒沾裹。

⑥ 高湯美乃滋 炒蕈菇

加熱時間約2分鐘就能輕鬆完成。美乃滋在拌炒時酸味揮發，味道會更柔和

冷藏保存 **5** 日 ｜ 冷凍保存 **2** 週

材料 方便製作的份量

鴻禧菇 … 1/2罐（75g）
美乃滋 … 1/2大匙
柴魚和風醬油（2倍濃縮）
　… 1/2大匙

製作方法

1. 鴻禧菇切去底部後打散。
2. 在平底鍋中放入美乃滋、①，用略小的中火拌炒約2分鐘，加入柴魚和風醬油再迅速拌炒。

⑦ 餃子皮鰹魚起司燒

一般作為配角的起司和柴魚片
這次作為主要食材。用餃子皮包裹
就完成存在感十足的配菜了！

冷藏保存 5 日 ｜ 冷凍保存 2 週

材料 4片

餃子皮 …4片
A 綜合起司 …20g
┌ 柴魚片 …1包（2g）
└ 醬油 …1小匙
沙拉油 …3大匙

製作方法

1. 每片餃皮中央依照順序擺
   放 A 的 1/4 份量，餃皮邊緣
   用水沾濕，對折捏合開口。
2. 在平底鍋中倒入沙拉油，
   用略小的中火加熱，排放
   1，兩面各烘煎約1分鐘至
   呈焦色。

⑧ 羊栖菜和秋葵的山葵美乃滋沙拉

山葵刺激的風味，偏向成人口味的
配菜。也建議作為佐小酒小菜。
山葵的份量請依照喜好調整

冷藏保存 3 日 ｜ 冷凍保存 2 週

材料 方便製作的份量 微波烹調

乾燥羊栖菜 …2g
秋葵 …3根（36g）
A 美乃滋、醬油 … 各1/2大匙
└ 山葵（市售軟管狀）…2cm

製作方法

1. 沖洗羊栖菜。秋葵斜向切
   成3等份。
2. 在2個耐熱容器內各別放入
   1大匙的水，各別放入1的
   羊栖菜、秋葵。各別鬆鬆的
   覆蓋上保鮮膜，各別以微波
   爐（600W）加熱約1分鐘（不
   要同時加熱），瀝乾水份。
3. 在2的秋葵容器內放入2的
   羊栖菜，加入 A 混拌。

⑨ 辣味噌炒蒟蒻竹輪

CP值極高的常備菜。確實咀嚼
會很有飽足感的菜餚。
蒟蒻不需要燙煮除澀很方便

冷藏保存 5 日 ｜ 冷凍保存 2 週

材料 方便製作的份量

板狀蒟蒻 …1/4片（50g）
竹輪 …1根（25g）
A 砂糖 …2小匙
┌ 味噌、醬油 … 各1小匙
└ 紅辣椒（切成辣椒圈）…1/3根
沙拉油 …1小匙

製作方法

1. 蒟蒻切成3cm長的短薄片。
   竹輪切成圓薄片。
2. 在平底鍋中倒入沙拉油，
   用略小的中火加熱，放入1
   的拌炒約2分鐘左右，加入
   A迅速拌炒沾裹。

⑩ 照燒蛋

鹹甜的醬汁令人無法抗拒！下飯或
搭配麵包都是絕佳搭檔。也可以和
青菜一起作為三明治的夾餡

冷藏保存 3 日 ｜ 冷凍保存 2 週

材料 1個

雞蛋 …1個
A 砂糖、醬油 … 各2小匙
沙拉油 …1/2大匙

製作方法

1. 在平底鍋中倒入沙拉油，
   用略小的中火加熱，敲開
   雞蛋，加入1大匙水，蓋上
   鍋蓋，燜煎約1分鐘。
2. 掀開鍋蓋，翻面，煎至完
   全熟透約2分鐘，轉為小
   火，加入 A 沾裹。

⑪ 蠔油炒杏鮑菇

能品嚐到杏鮑菇爽脆口感的樂趣，
是濃重的中式熱炒。光是這道
應該就能把飯吃光了吧！

冷藏保存 5 日 ｜ 冷凍保存 2 週

材料 方便製作的份量

杏鮑菇 …1根（50g）
A 蠔油 …1/2大匙
└ 味醂 …1小匙
沙拉油 …1小匙

製作方法

1. 杏鮑菇的長度對半分切，
   再片切成薄片。
2. 在平底鍋中倒入沙拉油，用
   略小的中火加熱，拌炒約2
   分鐘。加入 A，迅速拌炒。

⑫ 麵包粉馬鈴薯

不使用烤箱或烤麵包機，僅使用
平底鍋就能輕易完成的食譜。
香味十足的的麵包粉令人食慾大振

冷藏保存 4 日 ｜ 冷凍保存 2 週

材料 方便製作的份量

馬鈴薯 …1個（100g）
A 麵包粉 …1大匙
└ 顆粒西式高湯粉 …1/3小匙
奶油 …10g

製作方法

1. 馬鈴薯帶皮用刨削器削切
   成圓形薄片。
2. 在平底鍋中放入奶油，用
   略小的中火加熱，加入1拌
   炒約2分鐘。
3. 加入 A，拌炒至麵包粉呈現
   焦色，約1分鐘30秒。

用 5 分鐘完成的 多彩菜色　　白色菜餚

① 鵪鶉蛋竹輪卷

包捲成圈狀看起來就很可愛！
裝入便當時可以直接連同牙籤
但幼童的便當則請避免

冷藏保存 3 日 | 冷凍保存 2 週

材料 4 個

水煮鵪鶉蛋 …4 個（40g）
竹輪 …2 根（50g）
A 水 …1 大匙
└ 顆粒西式高湯粉 …1/4 小匙
橄欖油 …1/2 大匙

製作方法

1. 鵪鶉蛋瀝乾水份。竹輪縱向對半分切。
2. 1 的竹輪，每條具烤色的表面上擺放 1 個鵪鶉蛋，包捲，用牙籤固定。
3. 在平底鍋中倒入橄欖油，用略小的中火加熱，排放 2 拌炒約 1 分鐘。加入混合拌勻的 A，迅速混拌沾裹。

② 蒸山藥

僅以柴魚片和高湯粉調味。山藥
不要切得太薄，約是 5mm 厚
就能同時保有鬆綿的口感

冷藏保存 4 日 | 冷凍保存 2 週

材料 方便製作的份量　微波烹調

山藥 …1/4（60g）
A 柴魚片 …1 包（2g）
└ 顆粒日式高湯粉 …1/4 小匙
沙拉油 …1/2 大匙

製作方法

1. 山藥切成厚 5mm 的半月形。
2. 在耐熱容器內放入 1、沙拉油、1 大匙的水混拌，鬆鬆的覆蓋上保鮮膜。以微波爐（600W）加熱約 2 分鐘，加入 A 混拌。

③ 青紫蘇金平炒蓮藕

有著令人愉快、爽脆口感的配菜。
青紫蘇過度加熱容易變色，
因此加入後要盡早熄火

冷藏保存 5 日 | 冷凍保存 2 週

材料 方便製作的份量

蓮藕 …1/2 節（150g）
青紫蘇 …2 片（1g）
A 醬油、味醂 …各 1/2 小匙
└ 顆粒日式高湯 …少許
沙拉油 …1/2 大匙

製作方法

1. 蓮藕切成半月形薄片。青紫蘇切碎。
2. 在平底鍋中倒入沙拉油，用略小的中火加熱，加入 1 的蓮藕拌炒約 3 分鐘。加入 A、1 的青紫蘇，迅速拌炒。

④ 柚子白菜

柚子胡椒味道很明顯的淺漬
蔬菜。清新爽口，最適合在
炸物等口味濃重的菜餚之後

冷藏保存 5 日 | 冷凍保存 2 週

材料 方便製作的份量

白菜 …1 片（100g）
鹽 …1/4 小匙
A 砂糖、醋 …各 1 大匙
　柚子胡椒（市售軟管狀）
　　…1cm
　柚子皮（切細條，若有）
　　…少許

製作方法

1. 白菜切成 1cm 寬。
2. 塑膠袋內放入 1、鹽，充分揉和，靜置約 2 分鐘，擰乾水份。
3. 加入 A，使其入味。

⑤ 鵪鶉蛋焗玉米濃湯美乃滋

用市售玉米濃湯粉取代白醬。
放入耐熱盛菜用小紙杯
直接加熱裝入便當盒

冷藏保存 3 日 | 冷凍保存 2 週

材料 2 個　微波烹調

水煮鵪鶉蛋 …6 個（60g）
A 美乃滋、牛奶 …各 2 大匙
└ 玉米濃湯粉（市售）…1 小匙
巴西利（切碎）
　…（依照喜好）適量

製作方法

1. 瀝乾鵪鶉蛋的水份，用牙籤在表面刺出幾個孔洞。
2. 在缽盆中放入 A 混合拌勻，放入 1 混拌。
3. 將 2 的 1/2 份量各別裝入耐熱小紙杯，鬆鬆的覆蓋上保鮮膜。以微波爐（600W）加熱約 40 秒，依照喜好撒放巴西利。

⑥ 檸檬漬蘿蔔

用檸檬汁來增加酸味。比用醋
製作更香，酸味也更清爽，所以
小朋友們也很容易入口唷

冷藏保存 7 日 | 冷凍保存 2 週

材料 方便製作的份量

蘿蔔 …4cm（180g）
鹽 …1/4 小匙
A 檸檬汁 …2 大匙
　砂糖 …1 小匙
└ 檸檬皮（切細條）…少許

製作方法

1. 蘿蔔切成薄薄的扇形。
2. 塑膠袋內放入 1、鹽，充分揉和，靜置約 2 分鐘，擰乾水份。
3. 加入 A，使其入味。

⑦ 鹽漬蕪菁

微波加熱不會煮至崩塌。
柔和的鹹味,和洋中式的菜餚
無論哪種都很對味

冷藏保存 3 日 ｜ 冷凍保存 2 週

材料 6個　（微波烹調）

蕪菁 …1個
A 水 …4 大匙
　太白粉 …1 小匙
　顆粒雞高湯粉、鹽 … 各少許

製作方法

1 蕪菁切成6等份的月牙狀。
2 在耐熱容器內放入1、A混拌,鬆鬆的覆蓋上保鮮膜,以微波爐(600W)加熱約3分鐘,再次拌勻。

⑧ 清高湯炒蓮藕

用清高湯調味蓮藕,撒上羅勒
就成了西式菜色。不只是味道
長條的外觀也很新鮮有趣

冷藏保存 5 日 ｜ 冷凍保存 2 週

材料 方便製作的份量

蓮藕 …1/2 節(150g)
A 顆粒西式高湯粉 …1/4 小匙
　乾燥羅勒(若有) …1/2 小匙
沙拉油 …1/2 大匙

製作方法

1 蓮藕切成長4cm的細條狀。
2 在平底鍋中倒入沙拉油,用略小的中火加熱,加入1、水1大匙,蓋上鍋蓋,不時翻拌地拌炒約3分鐘。
3 開蓋,加入 A 迅速拌炒。

⑨ 晶瑩蘿蔔餅

混拌了太白粉,有Q彈口感。
加入青蔥更多色彩,
視覺上更優雅大方

冷藏保存 3 日 ｜ 冷凍保存 2 週

材料 4個

蘿蔔 …5cm(200g)
青蔥 …1根
A 太白粉 …2 大匙
　顆粒雞高湯粉 …1/4 小匙
芝麻油 …1/2 大匙

製作方法

1 蘿蔔磨削成泥狀。青蔥切成蔥花。
2 在缽盆中加入1、A充分混拌。
3 在平底鍋中倒入芝麻油,用略小的中火加熱,各別排放2的1/4份量整合成圓餅狀,兩面各烘煎約1分鐘。

⑩ 蘿蔔煮大蔥

吸收了湯汁的蘿蔔和長蔥非常
好吃。調味料的搭配很容易記住
是很容易製作的食譜

冷藏保存 4 日 ｜ 冷凍保存 2 週

材料 方便製作的份量　（微波烹調）

蘿蔔 …4cm (180g)
長蔥 …1/2根(50g)
A 柴魚和風醬油(2倍濃縮)、
　柑橘醋醬油 … 各1大匙

製作方法

1 蘿蔔切成1.5cm的大小。長蔥切成1cm的蔥花。
2 在耐熱容器內放入1、A混拌,鬆鬆的覆蓋上保鮮膜,以微波爐(600W)加熱約3分鐘。

⑪ 蕪菁日式沙拉

不需加熱輕鬆能完成的沙拉。
蕪菁揉和鹽擰乾水份
因此調味料能確實地被吸收

冷藏保存 5 日 ｜ 冷凍保存 2 週

材料 方便製作的份量

蕪菁 …1/2個(50g)
魩仔魚乾 …5g
鹽 …1/4小匙
A 柑橘醋醬油、橄欖油
　… 各2小匙
　粗粒黑胡椒 …1/2小匙

製作方法

1 蕪菁切成3cm的月牙狀。
2 在塑膠袋內放入1、鹽,充分揉和,靜置2分鐘,擰乾水份。
3 加入魩仔魚乾、A,混拌均勻入味。

⑫ 日式白高湯漬蓮藕

外觀看起來顏色清淡,但其實是
風味紮實又好下飯的配菜。
添加了醋,味道清爽

冷藏保存 5 日 ｜ 冷凍保存 2 週

材料 方便製作的份量　（微波烹調）

蓮藕 …1/2 (150g)
A 日式白高湯、味醂、醋
　… 各1小匙

製作方法

1 蓮藕切成半月形薄片。
2 在耐熱容器內放入1、A混拌,鬆鬆的覆蓋上保鮮膜,以微波爐(600W)加熱約3分鐘。

漂亮地
完成

裝入便當的示範

菜色的選擇與填裝方法得當,就能做出漂亮營養的便當。
在此介紹巧妙利用YU媽媽便當方程式的菜色,示範填裝技巧與組合。

YU 媽 媽 便 當 方 程 式

主菜		反差色菜餚		熟悉色菜餚
圓形的主菜		紅色菜餚		黃色菜餚
捲入、包裹的主菜	×	紫色菜餚	×	黑色、棕色的菜餚
不規則形狀的主菜		綠色菜餚		白色菜餚
長形、大型的主菜				

(本書中製作的便當都十分健康
決定1道主菜,
其次只要挑選與主菜不同顏色的2款配菜!)

首先,從主菜(chapter1)當中挑選出一道喜歡的形狀。接著由色彩繽紛的配菜(chapter2)當中挑選 2 道。
若拘泥於味道或形狀等挑選,會很花時間,所以只要不是味道太相近的就 OK。
不是主菜色彩的配菜,可以從反差色菜餚和熟悉色菜餚中各挑 1 個顏色,
或是從反差色菜餚中選擇 2 種也 OK。本書便當中的反差色,是華麗引人注目的顏色,
熟悉色則是黃色、暗色系的黑、棕色以及顏色較淡的白色(請參照 P. 53)。

YU 媽 媽 的 便 當 填 裝 方 法

在此介紹使用圓形主菜, 基本填裝方法的一連串流程

填裝白飯

在便當盒內填裝放
涼的白飯。米飯請
用飯杓斜斜按壓,
使其立起空出菜餚
放置的位置

在米飯上放置
食物蠟紙
(wax paper)

米飯若沾上菜餚的
水份容易影響食物
風味,因此用食物
蠟紙區隔空間。將
蠟紙切成可以隱藏
在萵苣下的大小。

舖放萵苣葉

在蠟紙上擺放沙拉葉（奶油萵苣）等水份較少的萵苣葉。結球萵苣的水份較多請避免使用。萵苣葉高度要比白飯略高，較能突顯出漂亮的綠色。夏季擔心容易影響鮮度時，可以不放萵苣葉，改用彩色蠟紙來取得整體的平衡。

擺放主菜

填裝瀝乾湯汁的主菜（在此選用的是圓形主菜、紅色）。湯汁較多的主菜，請放入盛菜用小紙杯再放進便當盒。若拋棄式紙杯太大時，可依照便當盒深度裁剪。

放入熟悉色配菜

配菜儘可能選用主菜（紅色）沒有使用的顏色。無論是從反差色配菜開始擺放，或是熟悉色配菜開始填裝都 OK。這次是由熟悉色菜餚（白）開始填裝。有湯汁的菜餚請務必瀝去湯汁，放入紙杯中。

※ 本書的菜餚（特別是主菜），每次完成的份量較少，因此等熟練後可以倍量烹煮也 OK（除了微波烹調的菜餚）。平底鍋烹煮的菜色，請預備倍量食材，以同樣的加熱時間進行即可。

擺放反差色配菜

放入另一款配菜（反差色配菜、綠色）。菜餚份量較少時，可以用小番茄或冷凍毛豆等填滿間隙，也能同時平衡整體。

撒放芝麻等調整視覺平衡

若有，也可在白飯表面撒上芝麻或香鬆等。米飯的白色部分變少，可以讓整體的視覺性更好，提升美觀。

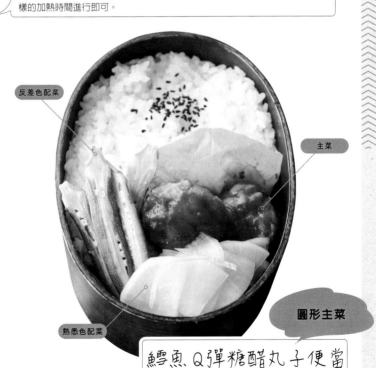

反差色配菜

主菜

熟悉色配菜

圓形主菜

酸甜的鱈魚丸子搭配檸檬漬蘿蔔，和醬汁拌秋葵的清爽便當。秋葵切開能看見種籽盛放，會更具時尚感。

鱈魚Q彈糖醋丸子便當

主菜 酸甜的鱈魚丸子 (P.23)

反差色配菜 醬汁拌秋葵 (P.68)

熟悉色配菜 檸檬漬蘿蔔 (P.80)

熟悉色配菜

反差色配菜

主菜

圓形主菜

起司肉丸便當

很有口感的起司肉丸是主菜。
份量十足
很推薦做給食慾旺盛的孩子們

主菜	圓滾滾的起司肉丸 (P.16)
反差色配菜	茄汁拌炒紅蘿蔔與臘腸 (P.56)
熟悉色配菜	德式風味南瓜 (P.72)

熟悉色配菜

反差色配菜

主菜

圓形主菜

漢堡便當

馬克杯瞬間完成的漢堡，搭配馬鈴薯和維也納腸，
就是華麗登場的西式便當組合了。
辣味的維也納腸，讓整體的風味更加突出。

主菜	微波馬克杯漢堡 (P.18)
反差色配菜	Chorizo 風味 紅色維也納腸 (P.58)
熟悉色配菜	馬鈴薯餅 (P.76)

反差色配菜

主菜

熟悉色配菜

反差色配菜

主菜

熟悉色配菜

捲入、包裹的主菜

肉捲秋葵便當

有著漂亮切面的肉捲秋葵，搭配味道濃重的
茄子、以及番茄煮長蔥彩色誘人
大量的蔬菜也很健康！

主菜 梅味秋葵肉卷 (P.24)

反差色配菜 蠔油涼拌茄子 (P.60)

熟悉色配菜 中式番茄煮長蔥 (P.54)

捲入、包裹的主菜

糯米椒豬五花便當

甜鹹主菜搭配蒜香伍斯特醬香菇排的組合，
是很有份量的便當。
爽口的番薯正好是轉換口味的最佳選擇

主菜 辣味醬汁
糯米椒豬五花卷 (P.27)

反差色配菜 紫薯佐蜂蜜芥末醬 (P.60)

熟悉色配菜 香菇排 (P.76)

熟悉色配菜

主菜

反差色配菜

主菜

反差色配菜

反差色配菜

不規則形狀的主菜

味噌鯖魚便當

以經典人氣菜色味噌鯖魚為主菜
再搭配日式菜色。鯖魚的魚皮面朝前擺放，
視覺上更效果更好

主菜	微波味噌鯖魚 (P.38)

反差色配菜	梅香糯米椒 (P.66)

熟悉色配菜	高湯馬克杯歐姆蛋 (P.74)

不規則形狀的主菜

碎牛肉炒蛋便當

擺放大量引人食指大動的辣味菜色，
是非常飽足的便當。是紅色、黃色、
綠色等鮮艷色彩的組合

主菜	碎牛肉炒蛋 (P.37)

反差色配菜	韓式涼拌紅甜椒 (P.56)

反差色配菜	蔥香辣油綠花椰 (P.68)

主菜

熟悉色配菜

反差色配菜

How to pick a wine store

主菜

反差色配菜

不規則形狀的主菜

豬肉青椒便當

濃郁的蠔油美乃滋的主菜
搭配的就是清爽風味的配菜。
各式風味都有,吃不膩!

主菜	蠔油美乃滋拌炒豬肉青椒 (P.32)

反差色配菜	中式蘿蔔蒸櫻花蝦 (P.56)

熟悉色配菜	蜂蜜醬油南瓜 (P.70)

麵、飯類一道菜便當

蝦仁飯便當

一道菜便當,佐以配菜,就是
營養滿分、色彩豐富的成品。
熟悉色主菜搭配反差色的綠花椰

主菜	蝦仁飯 (P.50)

反差色配菜	中式蒸綠花椰與鮪魚 (P.64)

主菜

熟悉色配菜

反差色配菜

長形、大型的主菜

芝麻七味鹽燒鯖魚便當

鯖魚直接擺放的豪邁便當。添加了
青紫蘇的炒金平、奶油醬油風味的
配菜，是豐盛且香氣十足的便當

| 主菜 | 芝麻七味鹽燒鯖魚 (P.45) |

| 反差色配菜 | 鰹魚奶油醬油拌菠菜 (P.64) |

| 熟悉色配菜 | 青紫蘇金平炒蓮藕 (P.80) |

反差色配菜

熟悉色配菜

主菜

長形、大型的主菜

香煎豬排便當

擺放整片豬里脊肉，份量滿滿的便當。
玉米和紫甘藍更添繽紛色彩。
份量滿點，很受到男性們的喜愛

| 主菜 | 香煎豬排佐肉排醬汁～ (P.40) |

| 反差色配菜 | 紫甘藍的高湯油醋 (P.60) |

| 熟悉色配菜 | 玉米沙拉 (P.72) |

反差色配菜

反差色配菜

熟悉色配菜

主菜

熟悉色配菜

主菜

長形、大型的主菜

蔥醬雞肉便當

低卡路里的雞胸肉作為主角,與纖維量
十足的配菜組合。主菜的清淡滋味,
因配菜的濃郁而大大提升了滿足感

主菜	蔥醬雞肉 (P.41)
反差色配菜	濃郁的金平紫番薯 (P.62)
熟悉色配菜	羊栖菜和秋葵的 山葵美乃滋沙拉 (P.78)

長形、大型的主菜

醬汁風味炸雞便當

滿滿都是紮實醃漬的酥脆炸雞。
配菜的玉米用紙杯盛裝後放入,
再插入綠花椰,就是豐盛滿點的便當

主菜	醬汁風味炸雞 (P.42)
反差色配菜	綠花椰拌花生 (P.66)
熟悉色配菜	芥末美乃滋玉米培根 (P.70)

還有還有！

使用微波爐的馬克杯食譜

除了漢堡、煎蛋之外，還開發了其他的馬克杯食譜！
混拌、整型、加熱，都能用短時間救世主：一個馬克杯來完成。

point
一次製作4個，就能用完鬆餅粉和雞蛋。同時加熱時，時間要拉長至5～6分鐘，若是時間不足，則要再追加加熱時間。

微波烹調

微波烹調

微波烹調

培根起司的馬克杯法式鹹蛋糕

冷藏保存 **3** 日 ｜ 冷凍保存 **2** 週

起司和培根的鹹味，絕妙地形成了美式熱狗般的味道。佐以沙拉就是加啡廳風格的午餐了

材料 1個

培根 … 1片（9g）
披薩用起司 … 15g
A 綜合鬆餅粉 … 1/4袋
　　（37.5g、5大匙）
　雞蛋（L尺寸）… 1/4個
　牛奶 … 2大匙
　美乃滋、芥末籽醬
　　… 各1小匙
B 番茄醬、巴西利（切碎、
　　依照喜好）… 各適量

製作方法

1 在耐熱馬克杯中放入 A，充分混拌，加入切成小片的培根、起司，混拌。
2 鬆鬆地覆蓋保鮮膜，以微波爐（600W）加熱約1分30秒。倒扣馬克杯取出，依序加上 B。

馬克杯燒賣

冷藏保存 **3** 日 ｜ 冷凍保存 **2** 週

預先調好了味道，直接吃就很美味！也可依照喜好沾取柑橘醋醬油或芥末。推薦給不太會包燒賣的人

材料 1個

A 豬絞肉 … 50g
　顆粒雞高湯粉 … 1/4小匙
　酒 … 1大匙
　太白粉、芝麻油 … 各1小匙
燒賣皮 … 1片
綠豌豆（若有）… 1粒

製作方法

1 在耐熱馬克杯中放入 A，充分混拌，平整表面。
2 使燒賣皮能貼合表面地覆蓋，澆淋 1/2 大匙的水，若有，可再埋入1顆綠豌豆
3 鬆鬆地覆蓋保鮮膜，以微波爐（600W）加熱約1分20秒。倒扣馬克杯取出。

馬克杯的御好燒

冷藏保存 **3** 日 ｜ 冷凍保存 **2** 週

很可愛的1人份御好燒，即使不用肉，用竹輪也能令人十分滿足！青蔥更具畫龍點睛的作用

材料 1個

竹輪 … 1/2根（12g）
青蔥 … 1/2根
A 雞蛋（L尺寸）… 1個
　水 … 2大匙
　低筋麵粉 … 1大匙
　顆粒日式高湯粉 … 1/4小匙
B 中濃豬排醬、美乃滋、青海
　　苔（依照喜好）… 各適量

製作方法

1 竹輪切成薄的圓片，青蔥切成蔥花。
2 在耐熱馬克杯中放入 A，充分混拌，加入1，再次混拌。
3 鬆鬆地覆蓋保鮮膜，以微波爐（600W）加熱約1分50秒。倒扣馬克杯取出，依序擠上 B。

素材別インデックス

Joy Cooking

超美味／最短時／不怕沒靈感

5 分鐘輕鬆作的便當菜

作者　松本有美

翻譯　胡家齊

出版者／出版菊文化事業有限公司　P.C. Publishing Co.

發行人　趙天德

總編輯　車東蔚

文案編輯　編輯部

美術編輯　R.C. Work Shop

台北市雨聲街 77 號 1 樓

TEL：（02）2838-7996　　FAX：（02）2836-0028

法律顧問　劉陽明律師　名陽法律事務所

初版日期　2021 年 8 月

定價　新台幣 320 元

ISBN-13：9789866210792　　書　號　J144

讀者專線　（02）2836-0069

www.ecook.com.tw

E-mail　service@ecook.com.tw

劃撥帳號　19260956 大境文化事業有限公司

GAMBARANAKUTEMO RAKUNI TSUKURERU YU-MAMA NO GOFUN OKAZU NO
OBENTO by Yumi Matsumoto
Copyright © 2021 Yumi Matsumoto
All rights reserved.
Original Japanese edition published by FUSOSHA Publishing, Inc., Tokyo
together with the following acknowledgement:
This Complex Chinese edition published by arrangement with
FUSOSHA Publishing, Inc., Tokyo in care of Tuttle-Mori Agency, Inc., Tokyo

超美味／最短時／不怕沒靈感
5分鐘輕鬆作的便當菜
松本有美 著
初版 . 臺北市：出版菊文化
2021　96 面；19×26 公分
（Joy Cooking 系列；144）
ISBN-13：9789866210792
1. 食譜　　427.17　　110011926

請連結至以下表單填寫讀者回函，將不定期的收到優惠通知。